Physical Anthropology

自然人類学入門

ヒトらしさの原点

真家和生 著

技報堂出版

まえがき

　この本は，初めて自然人類学という分野を勉強しようとする人のための入門書である．内容は，著者が大学で行ってきた「自然人類学」の講義をまとめたものであり，大学1，2年生の基礎知識で十分理解できるようになっている．
　しかし，20年以上にわたる講義が，毎年同じ内容で行われたことなど一度もない．たとえば，ヒトの進化に関して，1994年にラミダス猿人が報告された翌年は「人類の誕生は約450万年前．発見した本人は445万年といっていますが，これが最新情報です」としていたのが，続いてラミダス猿人の亜種が報告され「亜種カダバの発見により約580万年前に遡る」となり，2000年にオロリンが報告されると「人類誕生は約600万年前．去年までの情報は古い」と変化し，2001年にサヘラントロプスが報告されると「人類誕生は約700万年前．950万年前のサンブルピテクスとの間のミッシングリンク（失われた鎖）は埋まりつつある」と随時修正されてゆく（これら化石人類については本文に書いてある）．また，熱心な学生からの質問は，こちらの情報提供に対して，聞き手が本当は何を知りたがっているのかを教えてくれるし，あるいは誤解しやすいことは何かを示してくれる．毎年毎年の学生の気質の変化（自然人類学的には小進化に相当する）にも合わせ，関連する話題も変えている．したがって，講義内容をまとめるといっても，いまこの時点でのまとめであり，情報は常に更新されることになるだろう．しかし，人間とは何かという基本的疑問に答えるための筋道は，そう変わらない．それをこの本の構成とした．
　第1章ではまず，ヒトが生物学的にどう分類されているかを見る．そして第2章では，ヒトがどういう進化過程を経て現在この形で生きているのかを理解する．そのうえで，第3章で，現在，地球上のさまざまな地域に住んでいる人類の高い環境適応能力，そしてその適応の結果としてもっているさまざまな違い，すなわち変異を理解する．次に第4章では，感覚と運動に関する変異を追加し，これら変異のなかに自分自身を位置づけることを行う．たとえば，環境適応の結果として，寒冷環境で体格の大きい集団が有利であることを理解したうえで，自分の体格や体型がどの環境に適応して獲得されたものなのかを理解する．また，人によ

まえがき

って嗅覚(きゅうかく)にどのような違いがあるかを理解したうえで，自分の嗅覚はどのような特性をもっているのかを自覚する．さらに，筋（解剖学的には筋肉とはいわずに筋という）の性質にはどのような違いがあるのかを理解したうえで，自分の筋はどのような性質をもっているのかを自覚する，などである．

これによって，人類の特性と，自分という個体の特性が理解できると思う．別な言い方をすれば，これらの課題を自然科学的に理解することにより，人間のかなりの部分，つまりヒトの由来，身体特性，多様性を理解することができると思う．いや，頭で理解するだけではなく実感することができるはずである．これらすべては，ヒトである自分自身にあてはまるものなのだから．そしてそのうえで，第5章において，人間の行動や生活の特徴である人間らしさ，あるいはヒトらしさとは何かについて，つまりヒトの行動特性について，自然人類学的に理解してゆく．これら各章を，「生物学的なヒトの位置づけ」「進化から見たヒトの理解」「体のしくみから見たヒトの理解」「多様性から見たヒトと自分の理解」「ヒトらしさの理解」と言い換えることもできる．また，自然人類学という学問のことを，少し体系的に序章で紹介した．また，各章の初めに，その章の構成，目的，読者の到達目標をあげた．また，実生活に照らして理解される知識（knowledge relating to the real life situation）こそが生きた知識となる，と著者は考えているので，コラムも含め，できるだけそうした話題をとりあげることにした．

この本は，人間に関する情報を提供するのが目的であるが，著者の個人的意見や読者へのメッセージも含まれている．参考や刺激になる部分が少しでもあればよいと思っている．

人間に関する情報を蓄えることは，その人の人間観を育ててゆくことになる．人生観や世界観にも関係する．さまざまな視点から人間を見ること，これが豊かな人間観を育てる必要条件だと私は考えている．この本が，読者のみなさんの豊かな人間観形成の助けになればうれしく思う．なお，初学者にとって煩雑になるのを避けるためと，紙面の関係から，文献などの詳細については割愛した．

最後に，年度末のあわただしいなか，編集・出版にあたってご尽力下さった技報堂出版の宮本佳世子さんに，心から感謝致します．

2007年2月

真家和生

目　次

まえがき

序　章　自然人類学とは何か

学問とは／人類学とは／自然人類学とは／自己疎外の克服

第1章　自然界におけるヒトの位置

1.1　宿命的命題 …………………………………………………………10
1.2　生物分類 ……………………………………………………………11
　　　生物分類階級／「種」という単位／ヒトの分類学上の位置
1.3　和名と学名 …………………………………………………………23
　　　学名のルール
1.4　化石人類を含めたヒト科の分類 …………………………………25
1.5　種以下の分類 ………………………………………………………26
　　　亜種と人種／民族／品種と変種

第2章　進化過程とヒトの特性

2.1　進化に関する用語と概念 …………………………………………30
　　　進化／退化／生態的地位／適応／適応放散
2.2　地質年代区分と進化の時間軸 ……………………………………33
　　　進化の時間軸／進化の時間軸をつくる／地質年代区分

目　次

- 2.3 初期脊椎動物の進化と特徴 ……………………………… 38
  血液凝固／食べ合い関係／初期脊椎動物／有顎魚類の進化／陸上に向かう脊椎動物
- 2.4 陸上の脊椎動物の進化と特徴 …………………………… 45
  有羊膜卵の獲得／中生代の爬虫類
- 2.5 哺乳綱の進化と特徴 ……………………………………… 48
  初期哺乳類／異歯性／視覚，嗅覚，皮膚感覚／体温調節／産熱，代謝／大汗腺／哺乳類としてのコミュニケーションと母子関係／その他の哺乳類らしさ／中生代の哺乳類
- 2.6 霊長目の進化と特徴 ……………………………………… 52
  初期霊長類／ドリオピテクス類／霊長類の基本的特徴／霊長類と被子植物の共進化／霊長類のコミュニケーション／霊長類の運動性
- 2.7 ヒト科の進化と特徴 ……………………………………… 59
  ヒト科の基本的特徴／家族の誕生／人類のコミュニケーション／学習／精神性発汗／赤外線と紫外線よけとしてのメラニンと発汗能力／人類としての手，脳，体型，歯

第3章　適応のしくみと変異

- 3.1 体格，体型，体組成 ……………………………………… 74
  体格の違い—ベルクマンの法則／体型の違い—アレンの法則／平均放熱環境と平均受熱環境での体格と体型の違い／体組成
- 3.2 産熱と放熱のしくみ ……………………………………… 81
  産熱／放熱／熱量／熱容量／温熱性発汗
- 3.3 暑熱環境への適応 ………………………………………… 88
  人類固有の全身発汗／「熱」環境に対するメラニンの機能／紫外線／メラニン顆粒形成細胞／メラニン合成
- 3.4 低日照および寒冷環境への適応 ………………………… 96
  ヨーロピアンコーカサイドの鼻と髪／ビタミンD／ヨーロピアンコーカサイドの髪と虹彩

3.5　四季の変化および寒冷環境への適応……………………*100*
　　　　　アジアンモンゴロイドの顔／アジアンモンゴロイドの体色変化／寒冷適応能力／ハンチング・テンパラチャー・リアクション／アジアンモンゴロイドの産熱の季節性／その他の寒冷適応方法

第4章　変異と個性

　　　4.1　変異とは何か……………………………………………*110*
　　　　　変異と異常／進化のメカニズムとしての変異，適応
　　　4.2　感覚と運動の変異………………………………………*113*
　　　　　感覚系の変異／嗅覚と嗅盲／味覚と味盲／脳で感じる味／視覚と色盲／運動系の変異／筋線維タイプ／呼吸循環系／体温調節系
　　　4.3　ヒトの種内変異と個性…………………………………*123*

第5章　ヒトらしさ

　　　5.1　ヒトらしさの原点としての直立二足……………………*126*
　　　　　直立二足の定義と要素
　　　5.2　直立二足姿勢の維持機構………………………………*130*
　　　　　伸張反射／緊張性頸反射／緊張性腰反射／緊張性迷路反射
　　　5.3　直立二足歩行……………………………………………*135*
　　　　　進化上での歩行の獲得／歩行と走行のエネルギー代謝／歩行時の足の動き
　　　5.4　ヒトらしさ，人間らしさ………………………………*140*
　　　　　生物としてのヒトらしさ／初期人類として得たヒトらしさ／哺乳類らしさとヒトらしさ／霊長類らしさとヒトらしさ／ヒトらしい脳／ヒトらしい脳はつくられる
　　　5.5　近未来社会におけるヒトらしさ………………………*153*
　　　　　ロボットらしさとヒトらしさ／本当のヒトらしさとは

目次

参考図書 ··· *155*
索引 ··· *157*

コラム

自己家畜化······ *7* 　　　登木目：ツパイ······ *18* 　　　霊長目······ *20*
類人類の名前······ *22* 　　　*Homo* の意味······ *24* 　　　歴史，先史，古代······ *34*
バンアレン帯と地磁気の逆転······ *36* 　　　白亜······ *37* 　　　骨：リン酸カルシウム······ *39*
血友病と伴性遺伝······ *43* 　　　氷河期······ *61* 　　　猿人の分類······ *62*
タンザニア・ラエトリの猿人の足跡······ *62* 　　　塩分······ *70* 　　　体重と質量······ *74*
体格示数······ *75* 　　　ベルクマンの法則とアレンの法則······ *77* 　　　日向の暖かさ······ *87*
パンティング······ *91* 　　　メラニン······ *95* 　　　摂氏，華氏，絶対温度······ *95*
虹彩······ *99* 　　　衣替え······ *106* 　　　適応価······ *110*
嗅覚と脳······ *115* 　　　匂いと原始記憶······ *116* 　　　偉大な色盲の化学者······ *119*
性の変異······ *123* 　　　筋紡錘······ *132*

序章——自然人類学とは何か

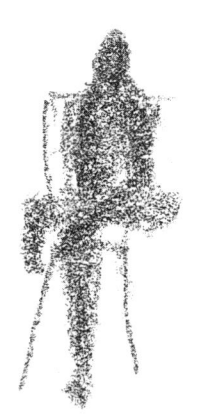

学問とは

　自然人類学という学問分野について紹介する前に，学問とは何かについて考えてみよう．

　そもそも，なぜ人類は学問をするのか．この問いに対して，人類には人類の特質として，情報を収集し，蓄え，整理し，関連づける行動特性がある，と答えることができる．この行動特性は，勉強や研究と言い換えてもよい．詳細については第5章（148ページ「ヒトの脳の特徴」，150ページ「ヒトの脳の精神性」）で述べているので省略するが，これは「ヒトらしさ」の一部なのであり，記憶領域を拡大した脳をもつ人類の特徴なのである．さらに第2章（68ページ「学習」）で述べている「学習する脳」を手に入れた人類の宿命でもあり，自由な手を用いて書く文字という道具を発明して，さらにこの行動は質量ともに拡大されていった．64ページの図に示されているように，これらはすべて直立二足の結果であり，直立二足のため人類は勉強するようになったのである．人類である以上，勉強から逃れることはできないのだ．

　学問とは何か，という問いに対しては，知識の集合である，と答えることができる．すなわち，さまざまな情報を収集し蓄えた知識を整理し関連づけた場合，すなわち体系化した場合，その体系化された知識を学問という．知識の体系化された集合体という意味である．重要なのは，ここでいう知識とは，科学的知識にかぎらない，ということである．

　科学的知識とは，客観性，実証性，再現性，法則性，普遍妥当性を備えた知識をいう．すなわち，これらを備えていない非科学的な知識であっても，体系化されていれば学問なのである．異論もあるだろうが，たとえば，哲学，法学，美学，宗教学などはそうした学問といわれている．

　科学（science）という言葉はラテン語のスキエンティア scientia（スキオ scio：知る）からきており，感情や信仰などからは独立した，理性的知の集合であるとされている．科学は，知識体系の前提としての原理や原則をその根底に求めており，それ自体を対象として問い続ける哲学とは異なっている．科学的知識，すなわち客観性，実証性，再現性，法則性，普遍妥当性を備えた知識を得る方法として，観察，調査，測定，実験があげられる．これは，科学の四大手法と呼ばれている．また，科学は常に原理原則を求めているため，その確認検証こそが研

究であり，研究は常に作業仮説（working hypothesis）の検証という過程を積み重ねることになる．作業仮説のない研究は科学的研究ではない．

　さて，個人にとって未知の学問があるとき，その学問が何を対象とし，どういう方法で，何を目的として体系化されているかを知ることで，その学問の全体像をつかむことができる．対象，方法，目的である．そのほかにも，歴史的経緯や成果，あるいは他の分野との関連などによっても，未知の学問の概略を知ることができる．

　対象によって名づけられている学問を対象学と呼ぶ．同様に方法学，目的学と分類できる．人類学や生物学は対象学であり，顕微鏡学やデータ分析学などは方法学であり，健康教育学や美容学などは目的学である．

　目的学について見た場合，知ること自体が目的の学問を純粋学（問）あるいは基礎学（問）と呼び，それが科学であれば純粋科学や基礎科学という．そして，蓄えた知識を実践に活かすことを目的とした学問を応用学（問）あるいは実践学（問）と呼び，それが科学であれば応用科学や実践科学という．

　学問は，その知識体系の関連性により，入れ子構造の階層性をもっていたり，すなわちある学問がある学問のサブ領域であったり，あるいは同等，また相補的関係をもっていたり，とさまざまに関連し合う．

　学問すなわち体系的知識からは，ある種の基本的考え方や解決法あるいは原理や原則が生み出される．それらをトーマス・クーン（Thomas S. Kuhn）はパラダイム（paradigm）と呼び，新しい発見や理論が既存のパラダイムに合わない場合に，既存のパラダイムを壊し，新しいパラダイムを構築して学問が発展するとして，これを科学革命（scientific revolution）と呼んだ．

　純粋科学を，主として対象により，自然科学，人文科学，社会科学などのサブグループに分けることもある．自然科学をさらに対象により細分して物理学，化学，生物学，地学，人類学などに分けるが，自然界の理に関する分野としてこれらをまとめて理学とすることもある．人文科学，社会科学についても，さらに細かなサブグループに分けられてゆくことは自然科学と同様である．また，応用科学についても，薬学，工学，農学，医学などに細分したりもする．

　しかし，以上は便宜的な分類であり，それぞれの分野で，その分野の位置づけに関しては独自の見解をもっているといってもよいし，個々人で異なっているのも現実である．

序章　自然人類学とは何か

人類学とは

さて，人類学そして自然人類学を紹介する．

人類学（anthropology）は，人類という対象を研究する学問であることはすでに述べた．その方法は決められていない．また，人類の何を対象とするかというサブ対象も決められていない．どういう方法で人類に関連する何を研究しても，人類学である．人類学は人類に関する統合科学なのである．

そこで，方法やサブ対象を冠したさまざまな人類学が登場する．言語人類学，宗教人類学，スポーツ人類学，経済人類学，文化人類学などであり，人類学とつかなくても民族学，民俗学，考古学，人類生態学，心理学，人間行動学なども人類を対象としているので広い意味で人類学であり，極論すれば，文学も法学も医学も人間に関する学問なのだからすべて人類学に含まれる，といえる．そして，これらが互いに相当複雑に絡み合っている．たとえば，人類を研究するために他の霊長類を研究するのであるから霊長類学は人類学に含まれると考える立場と，人類は霊長目の一員なので人類学は霊長類学に含まれると考える立場もある．しかし，こうした議論はあまり生産的ではない．先に述べたとおり，それぞれの分野あるいは個人個人が，自分の学問の位置づけを独自に行えばよいのだと思う．ただし，一つの国のなかでこれら学問がどういう枠組みにおさめられているかは，国の研究予算配分の問題だけでなく，各国同士で学会が連携をとるときに問題となる場合がある，ということだけを情報としておこう．

ここでは，人類学を大きく二つのサブ分野に区分けすることにする．自然人類学と文化人類学である．別な言い方をすれば，人類学は一つの成果として，人類を二つの側面から見るという見方を確立した，といえる．すなわち，生物としての身体的側面から人類を見る立場の自然人類学と，文化的側面から見る立場の文化人類学である．この二つの見方で人類を見ることができる，という人間観を人類学はもっているといえる．なお，文化とは生活の総体を意味し，文化人類学とは人類の生活という視点から人類を見るという立場をとる．

自然人類学とは

自然人類学とは physical anthropology の和訳であり，physical の語源はギリシア語由来のフィシス（physis），「自然，発生する，成長する」という意味である．

たとえば，共に成長して結合した恥骨結合（シンフィシス：symphysis）や，脳の下に発生した脳下垂体（ヒュポフィシス：hypophysis）など，人体を対象とする自然人類学者で知らない者はいない単語であるが，physical と同語源ということはあまり知られていない．自然という概念は，発生するという動詞的概念から生まれた総括的概念なのである．このフィシスから自然の物体や自然な人体の意味が生まれ，physics（フィジックス）は物理学となり，physical（フィジカル）は人体の，という意味であり，physical anthropology が，自然が生み出した人体の人類学となった．かつては physical anthropology を形質人類学とも呼んでいた．形質とは，**2.1** でも説明しているが，形態と機能を合わせた意味をもつ言葉である．本題から少しはずれるが，自然というとヒトや他の動植物をとりまく環境ととらえることも多いと思う．しかし，著者は，ヒトが自然のなかで生きているとはとらえていない．ヒト自身が自然の一部であり，一番身近な自然はこの人体である，ととらえている．人体だけではない．心についても自然の一部ととらえている．著者は，心と体というように，心と体を二元的にとらえてはおらず，生物としての人体（限定していえば神経系）が生み出すものが心であり，神経系の機能の表現であるととらえている．この点については，第5章のヒトらしさを併せて読んで理解していただきたい．

　さて，本題にもどって，自然人類学は，人体を対象とした人類学であり，その生物的側面を主に取り扱っている．すなわち，人体構造，進化的由来，生理機能，動作や行動，成長，遺伝，霊長目としてのヒトの特徴，心理や生活などであり，人類形態学，人類進化学，化石人類学，生理人類学，人体機構学，成長学，人類遺伝学，霊長類学，生活科学，人類働態学，考古学などのサブ領域に対応している．これらが互いに絡み合っていることは前述のとおりであるが，自然人類学の守備範囲を理解することができると思う．

　また，これらを別の視点からまとめ，自然人類学の対象を人類の特質論，由来論，変異論，機能論などと整理し，さらに，自然人類学のヒトを見る視点を進化，適応，変異である，とまとめることもある．これを自然人類学の三本柱と呼ぶこともある．

　いずれにしても，自然人類学は統合科学としての人類学の一部であり，人類に興味をもつのであれば，人類の一部分だけに興味をもっていても駄目であり，人

類を総体として見る視点が常に求められている．

自己疎外の克服

再び人類学にもどるが，人類学は自然発生的に生まれた学問ではなく，ドイツの哲学者カント（Immanuel Kant）がつくり出した学問領域である．

カントは人間の本質として，自己家畜化現象（self-domestication phenomena）に注目した．人間は直接自然環境のなかで生活するのではなく，二次的な自然環境すなわち人工環境のなかで生活している．人工環境下では，環境要因がコントロールされ，あたかも家畜を飼うように自らを家畜化してゆく．こうした状況で，本来人間のためにつくられたはずの人工環境が，かえって人間にとって住みにくい環境となることもある．ヘーゲル（Georg Hegel）はこれを自己疎外（self-alienation，ドイツ語で Entfremdung seiner selbst）とした．カントは，この自己疎外を克服するためには人間の自己理解が必要だとして，人間学（die Anthropologie）を提唱した．これに賛同する人々，主に先史学や民族学の研究者が人類に関する知識を蓄えて人間学はスタートした．人間の自己疎外を克服することを目的として，ちょうどチャップリン（Charlie Chaplin）が映画「モダンタイムズ」で機械文明を批判した（機械工の男がネジをまわす単純作業という自己疎外的状況で正気を失い，道行く人の鼻をレンチでまわすなどして逮捕投獄され苦しむが，最後は出所後に出会った身寄りのない少女と明日を信じて新たな出発をする）のと同じ動機で，人間学は生まれたのである．

1957年から1966年にかけて，ルドルフ・マルチン（Rudolf Martin）の内容を改訂してカール・ザラー（Karl Saller）はそれまでの知識を集大成し，記念碑的な自然人類学の教科書 "Lehrbuch der Anthropologie（人類学教科書）"を書きあげた．以来，人間に興味をもつ優れた研究者たちが，この本をバイブルとして，人間に関する膨大な知識をそれに付け加え体系化してきた．

さて，人間は人間に興味があるのである．人間が人間を理解することに終わりはない．読者の多くは学生であると思う．しかしあるいは，人類の研究を目指す若者なのか，在野の人間探求者なのか，齢を重ねてさらに人間について何かを知りたいと感じている方なのか，著者は知り得ない．しかし，著者はある意味で，人類学は大人の学問だと考えている．人間のことを，人間として，さまざまな経

験を通して肌で感じた人が，もう一度，人間とは何かに興味をもち，人類学分野を覗いたとき，実感をもって感じられる人間像がそこにはあることを，著者は確信している．

人間に関する知識は，人類学という学問の発展なくしては増えもしないし，更新もされない．大切なことは，学問を支えているのは研究者とそれを認知してくれる社会であり，また社会的認知のために啓蒙活動をしている科学ジャーナリストや出版社も，若い研究者を育てている教育者も，この人類学という学問を支えているということである．

自然人類学という学問は，ヒトという生き物を自然界の一員として，先入観や偏見にとらわれずに，客観的に位置づけている学問である．自然人類学を含む人間に関する情報をどう提供するかは，将来の人々がもつ人間観形成を保証するうえできわめて重要だと著者は考えている．ヒトは特別な生き物ではない．他の動物や植物と同等に理解して初めて，生態系や環境問題について大所高所から意見がいえるのではないかと思う．自然人類学は，この視点を与えてくれる学問領域なのである．

― コラム ―

自己家畜化

家畜はさまざまな目的のために改良されるため，その目的に合わせた形質が選抜淘汰されて固定される．しかし，その他，目的とはしていないが家畜化により共通にある種の形質変化が起きることが知られている．これらを含めて家畜化現象という．フレデリック・ゾイナー（Frederick Zeuner）の『家畜の歴史』によると，家畜化により共通に生じる形質の変化としては，体色あるいは色彩の変化，とくに斑点の出現，頭骨の変形，とくに顎や歯など口器の短縮化，角をもつ動物については角の矮小化や無角化，骨格の脆弱化，骨端閉鎖の延長（骨の成長は，骨端と骨幹の間の軟骨が硬骨に置き換わって進行するが，ここが骨化すると成長が止まる．これを骨端閉鎖といい，家畜では成体になっても骨端閉鎖しないことがある），尾椎数の変化（尾が短くなったり長くなったりする），四肢骨の変形やプロポーションの変化，体毛の変化，とくに長毛化・巻毛化・無毛化，皮膚のたるみ，体内脂肪の増加，消化管の延長などとしている．著者は，これらの特徴のいくつかは，幼児期の形質が大人になるまで残っていることによるものではないかと想像している．人類は環境を自分で制御することにより，自己家畜化しているといわれている．

第1章 ── 自然界におけるヒトの位置

構成 1.1で章タイトルに関する説明，1.2で生物分類に関する解説，1.3で和名と学名に関する解説，を行う．1.1は読み飛ばしてもかまわない．「人類」「ヒト」「人間」といった用語については1.2で定義し，「人種」の概念については1.5でとりあげる．

目的 ヒトという生き物を客観的に分類し，ヒト以外の生物との関係を分類階級に対応させて理解し，学名について理解する．

到達目標 先入観念にとらわれず客観的にヒトを分類すること（そういう意識をもつようになること），すなわち自然界のなかにヒトという生物を位置づけられるようになること，ヒト（あるいは自分の好きな動物や植物も）を分類階級名に対応させて学名でいえるようになること，である．

第1章　自然界におけるヒトの位置

1.1　宿命的命題

　第1章の本題に入る前に，「自然界におけるヒトの位置：Man's Place in Nature」という句（フレーズ）について少し解説したい．2, 3行読んで面倒だと感じたなら，**1.2**へ進んでもらってもかまわないのだが，実はこの句は私のお気に入りなのである．

　この句は，ある意味，哲学的命題でもあるが，もともとは1863年に進化学者トーマス・ハックスリー（Thomas H. Huxley）が書いた本の題名である．1859年，チャールズ・ダーウィン（Charles R. Darwin）の『種の起源：On the origin of species by means of natural selection』が出版され，進化論がそれまでのキリスト教的人間観を否定する内容だとして侃侃諤諤の議論の対象になっていた．そして，ヒトを他の動物と隔てる科学的根拠とされた「ヒトの脳の独自性」が，独自でも質的差でもなく，むしろ他の動物との共通性あるいは量的差として証明され，次第に進化論が受け入れられていった時期でもある．当時，ヒトの脳は，アルケンケファーラ（Archencephala, arch「偉大な・一番前の」脳の意味．archi「古い・一番・前の」由来のarchicortex「原皮質」と同語源）と呼ばれ，これがヒト（ホモ属（後述））を他と分ける特徴であるとされていた．

　トーマス・ハックスリーが，1894年に"Man's Place in Nature"つまり同名増補版の序文で，「私が検討した多くの問題のなかで，動物分類におけるヒトという種の位置づけが最も大きな問題の一つであった……手をつければ指をひどく火傷することが避けられない問題であった」と述べているように，進化論を受け入れ，ヒトを動物の一員として分類することは，ダーウィンやハックスリーをとりまく当時の知識人にとっても至難の業であったのである．彼らをとりまく多くの人々は，宗教的人間観に依存した人間観をもっていたため，先入観なしに客観的に人間を見ることが難しかったのである．

　これは，過去の出来事とばかりはいえない．2005年，科学の教科書に「進化論は一学説に過ぎず，事実ではない」という貼紙を貼ることを，ある大国の南部のある州の教育委員会が決定し，連邦地裁が違憲判決を出したという事実もある．人がヒトを理解することの難しさ，人がヒトを自然界の一員として位置づけるこ

との難しさが，この命題「自然界におけるヒトの位置」には包含されている．

1.2 生物分類

生物分類階級

生物分類という作業を理解するのは簡単なことである．住所を示すのと同様に，大きい区分から小さい区分に絞ってゆき，最終的な場所を示せばよい．○○県○○市○○町○丁目○番地，というように．

県，市，町などの行政区分に対応するものが生物分類階級であり，大きい区分からの基本的分類階級名は，「界，門，綱，目，科，属，種」である．2, 3 回唱えれば，頭に入る．

基本的分類階級につく補助的分類階級には，「超，上」などの上位階級と「亜，下」などの下位階級がある．いくつかの町が合わさって「郡」という上位単位をつくっていたり，町が「字」で区分され下位単位をつくっていたりするのと同様である．「イヌ科」「イタチ科」「クマ科」「アライグマ科」を合わせると「イヌ上科」となり，「ネコ科」「ジャコウネコ科」「ハイエナ科」を合わせると「ネコ上科」となる．「イヌ上科」と「ネコ上科」を合わせると「食肉目」となる．爬虫綱の有鱗目は大きく「トカゲ亜目」と「ヘビ亜目」に分けられる．爬虫「類」というのは日常語であり，分類学上の正式名称（専門用語：technical term）は爬虫「綱」である．昆虫綱とクモ目（正確には真正クモ目）を比較して違いを学ぶことは，○○県と△△市を比較しているようなものである．「群」や「類」は分類階級名ではない．しかし，「群」や「類」は逆に，分類階級と無関係に便宜的

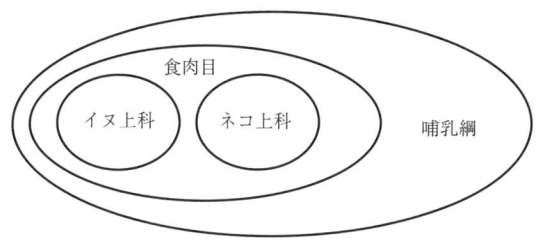

図 1.1 生物分類概念図

に使えるという利点がある．また，動物と植物とで分類階級名が少し異なるものもあるが，当面，上記の分類階級名を知っていれば十分である．

分類は，人為的な生物の整理作業のようにも見えるが，進化過程でそれぞれの群がどのように分岐してきたのかという進化の系統樹に基づいた各群の類縁関係を反映していることが必要である．こうした考えに従った分類を系統分類（phylogenic classification）と呼ぶ．

「種」という単位

生物分類が目指す最終区分は「種」である．

種という概念にはいくつかあるが，この本では，もっとも一般的かつ広く使われている繁殖単位としての自然個体群を種として扱うことにする．ドゥ・ライエツ（Du Rietz）の定義によれば，「性的隔離で相互に隔てられた交配可能な1群」である．すなわち，同種のなかでは交配可能であり，種が異なれば（一代雑種ができることはあるが）通常は交配できない，という自然に実在する個体群である．これを，ここでは繁殖種（reproductive species）と呼ぶことにする．

トラとライオンは別種，すなわち繁殖単位群として別のものであるが，一代雑種をつくることは可能である．オスのライオン（lion）とメスのトラ（tiger）の一代雑種はライガー（li + ger）であり，オスのトラ（tiger）とメスのライオン（lion）の一代雑種はタイオン（ti + on）である．しかし，ライガーとライガーを交配させてもライガーはできない．タイオンとタイオンを交配させてもタイオンはできない．オスのロバとメスのウマを掛け合わせたものが有益家畜のラバ（mule）であり，ラバとラバを掛け合わせてもラバはできない．ちなみに，オスのウマとメスのロバを掛け合わせたものは駃騠（けってい）というが，ラバほど有益家畜ではないという．ライガーもタイオンもラバも，種ではないので種としての学名はない．ただし，植物の場合は，種どころではなく属間の交雑種がたくさん知られている．植物の場合，地理的分布により種が決められる場合が多いが，染色体から見た受精可能性の閾値（いきち）はそれよりも低いということであろう．

繁殖単位である種の定義を厳密にするあまり，近隣種間で交配可能な場合も生じ得る．こうした場合，上種という補助階級を用いることも一つの解決策である．

重要なことは，種という区分は個体群を指す概念であり，個体を意味する概念

ではないこと（したがって当然，種には性別や年齢の違いなどは含まれない），また時間の概念を含んでいないので進化的に種が分かれた場合について検討されていないことである．しかし，種は自然界に実在する自然群である．これに対して，種より上の分類区分である属や科などは，類縁系統を反映しているとはいえ，ある程度は人為的区分にならざるを得ない．

細かに「種」などを分類する傾向をもつ分類学者をスプリッター（splitter），おおまかにまとめる傾向をもつ分類学者をランパー（lumper）という．

他のいくつかの種の概念も含めて，**表 1.1** に示す.

表 1.1 種の概念

繁殖種	reproductive species	自然界に存在する実在の繁殖群（本文中に説明）
形態種	morpho-species	形態の違いによって種を分ける．種という概念を基本的に形態的相違に基づき規定したリンネ（Carl von Linné）の名前をとりリンネ種（Linneon）ともいう．
ジョルダン種	Jordanon	アレックシス・ジョルダン（Alexis Jordan）の提唱した，ほぼ遺伝的純系に相当する群．
姉妹種	vicarious species	地理的分布の端で，もともとの母種と何らかの点で異なる場合など，母種に対して姉妹種という．同胞種ともいう．
生態種	ecospecies	異なる環境に適応した各群（生態型：ecotype）など，地理的分布をもとにして区分した種．
デーム	deme	必ずしも種に対応するわけではないが，自然に存在する個体群を指す場合に用いられ，交配上区分された群をガモデーム（gamodeme），特定地域に棲む群をトポデーム（topodeme），特定の生態的地位を占める群をエコデーム（ecodeme），遺伝的に他と独立の群をゲノデーム（genodeme），などとする．

ヒトの分類学上の位置

ここでは，ヒトの近隣群を見ながら，ヒト自身を分類する．界門綱目科属種という分類階級に従って分類するわけである．

〈生物の界分類〉

まず生物をいくつかの界に分ける．まず生物とは何か，という問いには，大きく三つの答えがある．一つは，アリストテレス以来の「エネルギーを使って生命活動を営んでいる物」という機能的なとらえ方．二つ目は，シュレーディンガー（Erwin Schrödinger）の「エントロピー収支が負となる物」という熱力学的なと

らえ方．三つ目は，シュライデン（Matthias J. Schleiden）やシュワン（Theodor Schwann）に遡る「細胞によってできているもの」という構造的なとらえ方（細胞説：cell theory）である．細胞説によると，細胞をもたないウイルス（virus）は生物ではないことになり，細菌（バクテリア：bacteria）は細胞構造があるので生物となる．本書では細胞説をとることにする．

さて，まず生物をいくつかの界に分ける．ここでもスプリッターとランパーで異なってくるが，本書は界分類を詳述することが目的ではないので，大きく3界に分ける場合から8界に分ける場合までを示すにとどめる．

3界説では，生物を動物界，植物界，原生生物界に分ける．5界説では，この原生生物界を原生生物界とモネラ界に，植物界を植物界と菌界に分ける．モネラ（monera）とは藍藻類と細菌類を合わせたものであり，単純なものを意味するモネレス（moneles）に由来する言葉である．6界説では，さらにモネラ界を古細菌界と細菌界に分ける．8界説では，細菌を古細菌界と真正細菌界に，原生生物を原生生物界とアーケゾア界（原アメーバや原鞭毛虫などを含む群）に，植物群を植物界と菌界とクロミスタ界（黄色藻や卵菌類などを含む群）に分け，これに動物界を加えて8界となる．界というのは，生物を分類する階級名であるから，生物界という分類名はない．ヒトは，動物界に属している．表1.2に生物8界を2通りの方法で大別して示す．

表1.2 生物8界の分類

分類(1)	偽核類（核のはっきりしていないもの）	古細菌界，真正細菌界
	真核類（核のはっきりしているもの）	アーケゾア界，原生生物界，クロミスタ界，菌界，植物界，動物界
分類(2)	単細胞類	古細菌界，真正細菌界，アーケゾア界，原生生物界
	多細胞類	クロミスタ界，菌界，植物界，動物界

〈動物界の分類〉

動物界は2亜界30門に分けられている．もちろん，これも一つの分類例である．単細胞である原生動物を界で区分する場合もあるが，ここでは原生動物門として動物界に入れた．図1.2に動物界の分類を示す．学名と，含まれる動物名も一部示してある．

多細胞の動物を後生動物という．中生動物とは，多細胞ではあるが単に細胞が

動物界　Animalia
　　原生動物亜界・原生動物門　Protozoa
　　後生動物亜界　Metazoa
　　　　側生動物・海綿動物門　Porifera
　　　　真正後生動物　Eumetazoa
　　　　　有腔腸動物（放射相称動物）　Coelentera（Radiata）
　　　　　　刺胞動物門　Cnidaria
　　　　　　　　ヒドロ虫綱　Hydrozoa〈ヒドラ，サンゴ，カツオノエボシ〉
　　　　　　　　鉢虫綱　Scyphozoa（真正水母類）〈エチゼンクラゲ，ミズクラゲ〉
　　　　　　　　花虫綱　Anthozoa（サンゴ虫類）〈サンゴ，イソギンチャク〉
　　　　　　有櫛動物門　Ctenophora〈フウセンクラゲ，ウリクラゲ〉
　　　　　体腔動物（左右相称動物）　Coelomata（Bilateria）
　　　　　　原体腔類　Protocoelier
　　　　　　　無体腔類　Acoelomata
　　　　　　　　　扁形動物門　Plathelminthes
　　　　　　　　　　渦虫綱　Turbellaria〈プラナリア〉
　　　　　　　　　　吸虫綱　Trematoda〈住血吸虫，肝ジストマ，肝テツ〉
　　　　　　　　　　条虫綱　Cestoda
　　　　　　　　　紐型動物門　Nemertinea
　　　　　　　　　内肛動物門　Endoprocta
　　　　　　　偽体腔類　Pseudocoelomata
　　　　　　　　　腹毛動物門　Gastrotricha
　　　　　　　　　輪形動物門　Rotifera〈ワムシ〉
　　　　　　　　　線形動物門　Nematoda〈線虫，鉤虫，ギョウ虫，回虫，糸状虫〉
　　　　　　　　　類線形動物門　Nematomorpha〈ハリガネムシ〉
　　　　　　　　　鉤頭動物門　Acanthocephala
　　　　　　　　　動吻動物門　Kinirhyncha
　　　　　　真体腔類　Deuterocoelier
　　　　　　　端細胞幹（原中層細胞幹）　Teloblast（Schizocoela）
　　　　　　　　　軟体動物門　Mollusca〈イカ，タコ，二枚貝，巻貝〉
　　　　　　　　　星口動物門　Sipunculoidea
　　　　　　　　　鰓曳動物門　Priapuloidea
　　　　　　　　　環形動物門　Annelida〈ミミズ〉
　　　　　　　　　有爪動物門　Onychophora
　　　　　　　　　舌形動物門　Linguatulida
　　　　　　　　　緩歩動物門　Tardigrada
　　　　　　　　　節足動物門　Arthropoda〈甲殻類，昆虫類，クモ類〉
　　　　　　　触手動物　Lophophorata
　　　　　　　　　外肛動物門　Ectoprocta
　　　　　　　　　箒虫動物門　Phoronidea
　　　　　　　　　腕足動物門　Brachiopoda
　　　　　　　腸体腔幹（原腸体腔幹）　Enterocoel（Enterocoela）
　　　　　　　　　毛顎動物門　Chaetognata
　　　　　　　　　有鬚動物門　Pogonophora
　　　　　　　　　棘皮動物門　Echinodermata〈ウニ，ヒトデ〉
　　　　　　　　　半索動物門　Hemichordata〈ギボシムシ，フデイシ〉
　　　　　　　　　原索動物門　Prochordata〈ナメクジウオ，ホヤ，サルパ〉
　　　　　　　　　脊椎動物門　Vertebrata

図 1.2　動物界分類

集合した程度であり，きちんとした組織を構成していない動物群をいう．側生動物とは，細胞がある程度の組織を形成するが，きちんとした器官を構成しない動物群であり，海綿動物門のみが含まれる．真正後生動物とは，器官や系がきちんと形成されている動物群である．

ちなみに，同じタイプの細胞（cell）が集まったものを組織（tissue），いくつかの組織が集まりあるまとまった働きをするものを器官（organ），いくつかの器官が合わさりさらに高次の働きをするようになったものを系（system）といい，いくつかの系が合わさり個体（individual）ができている．

筋組織や神経組織などが合わさり心臓という器官をつくり，心臓や血管や血液という器官が合わさって循環系ができ，循環系や呼吸系や消化系が合わさり個体ができているわけである．

〈脊椎動物門の分類〉

ヒトは脊椎動物門に属している．フランスの博物学者ラマルク（Jean-Baptiste Pierre Antoine de Monet, Chevalier de Lamark）は，脊椎動物門以外をまとめて無脊椎動物とした．動物界のなかで，脊椎動物門と並んでこの地球上で繁栄しているのは，軟体動物門と節足動物門である．このことは覚えておく必要がある．その理由については第2章（41ページ「食べ合い関係」）で説明している．

脊椎動物門に近縁の半索動物門，尾索動物門，頭索動物門は，一生のある時期に脊椎の原型である脊索あるいはその原型をもつ動物群であり，いずれも脊椎をもつ以前の体制を示している．半索動物にはギボシムシやフデイシ（筆石）が含まれる．尾索動物とはホヤやサルパの仲間である．頭索動物の代表種はナメクジウオ（*Amphioxus*）である．半索動物門，尾索動物門，頭索動物門を亜門として原索動物門に，また，原索動物門，脊椎動物門を亜門として脊索動物門にまとめることもある．頭索動物門，脊椎動物門を亜門としてまとめ脊索動物門とし，前者を無頭類，後者を有頭類とすることもある．この本では，脊椎動物門を独立の門として（**表1.3**の分類(1)）扱うことにする．

現生の脊椎動物門は，魚綱，両生綱，爬虫綱，鳥綱，哺乳綱に分けられる．これらを，顎骨のない無顎類（円口目）と有顎類に分ける場合と，羊膜の有無で，無羊膜類と有羊膜類に分けることもある．円口目にはヤツメウナギ類とヌタウナギ類（2007年1月31日，日本産魚類の差別的標準和名を改名．以前はメクラウ

表1.3　脊椎動物門と近縁群の分類

分類(1)	原索動物門	半索動物亜門，尾索動物亜門，頭索動物亜門
	脊椎動物門	
分類(2)	脊索動物門	原索動物亜門（半索動物，尾索動物，頭索動物）脊椎動物亜門
分類(3)	原索動物門	半索動物亜門，尾索動物亜門
	脊索動物門	頭索動物亜門（無頭類），脊椎動物亜門（有頭類）

（注）半索動物（ギボシムシ，フデイシ），尾索動物（ホヤ，サルパ），頭索動物（ナメクジウオ）

表1.4　脊椎動物門の分類

分類(1)	無顎類（円口目）
	有顎類（円口目以外の魚綱，両生綱，爬虫綱，鳥綱，哺乳綱）
分類(2)	無羊膜類（魚綱，両生綱）
	有羊膜類（爬虫綱，鳥綱，哺乳綱）

ナギ類）が含まれ，顎骨がないため鉤のあるまるい口で他の魚などに寄生する寄生魚である．名前にウナギがつくが，硬骨魚のウナギとはまったく異なり，内部骨格はすべて軟骨であり，鱗がない．胸鰭と腹鰭もない．雌雄同体のものもあり，ヤツメウナギは変態する．

〈哺乳綱の分類〉

ヒトは哺乳綱に含まれる．現生の哺乳綱は20目に分けられる．もちろん，これも一つの分類例である．哺乳綱は，大別すると，卵生（oviparity）で乳腺はあるが乳房にまで発達していない原獣亜綱と，胎生（viviparity）の真獣亜綱に分けられ，真獣亜綱は，輸卵管由来の子宮が対性の輸卵管に対応して双角子宮となり胎盤の発達がきわめて悪い後獣下綱と，子宮が単一となり胎盤の発達のよい正獣下綱（有胎盤類ともいう）に分けられる．

表1.5　哺乳綱の分類

原獣亜綱		単孔目
真獣亜綱	後獣下綱	有袋目
	正獣下綱（有胎盤類）	食虫目，翼手目，皮翼目，霊長目，登木目，貧歯目，有鱗目，齧歯目，兎目，鯨目，食肉目，鰭脚目，管歯目，岩狸目，長鼻目，海牛目，奇蹄目，偶蹄目

〈霊長目の分類〉

ヒトは霊長目に含まれる．食虫目（モグラ目），翼手目（コウモリ目），皮翼目（ヒヨケザル目），霊長目（サル目），登木目（ツパイ目）は哺乳綱のなかでもっとも原始的な群であり，下等哺乳類である．哺乳綱のなかで高等なものは，鯨目，奇蹄目，偶蹄目などである．高等，下等など進化に関連する用語については第2章で詳述するが，進化過程であまり体制（body system）を変化させていない場合を下等あるいは原始的といい，骨盤や下肢をなくした鯨目や，指数を減少させた有蹄類（ウマなどは各肢につき1本の指にまで減少した）など大きく体制を変化させた場合を高等という．登木目とは，かつて霊長目に含まれていたツパイの仲間のことである．

霊長目は，原猿亜目と真猿亜目に分けられる．原猿亜目には6科含まれるが，**表1.6**のように下目，上科，亜科で細分されている．真猿亜目は大きく2下目に分かれている．ここまではよいのだが，ヒトの含まれる群をヒト上科で分けるか，ヒト科で分けるか，ヒト亜科やヒト亜属で分けるかで意見が分かれる．ヒトをどのレベルで近縁種のチンパンジーやゴリラと分けるかで意見が異なるからである．1.1で述べたトーマス・ハックスリーが悩まされた問題である．ヒトをできるだけ近縁種から遠ざけたいと思う分類学者は，できるだけ上位の階級でヒトを近縁種から分け独立させようとする．また，ヒトという用語を上位の階級から使おうとする傾向がある（**表1.6**の分類(3)）．反対に，ヒトと近縁種をまとめて扱おうと考える分類学者は，ヒトと近縁種を下位の階級で分け，それをまとめた群

― コラム ―

登木目：ツパイ

ツパイはかつては霊長目の仲間に含められ，原猿亜目のツパイ下目あるいはツパイ科などと分類されていたが，タンパク質組成の違いなどから霊長目とは独立の目とされるようになった．一見，ネズミかリスを思わせる体つきをしているが，耳介は霊長類的であり，指が長いことなども霊長類と同様，樹上生活に適応した特徴である．初期霊長目の基本的特徴をもつ群であるため登木目と名づけられた．登木目（scandentia）の scand は登るあるいは上がるという意味であり，den は木を意味するラテン語である．ちなみに，スカンジナビアは上がっていった所という意味である．登攀目ということもある．

1.2 生物分類

表 1.6

分類(1)　霊長目の分類

霊長目 Primates	原猿亜目 Prosimii	レムール下目 Lemuriformes	レムール上科 Lemuroidea（キツネザル上科）	コビトレムール科 レムール科 インドリ科 アイアイ科	
		ロリス下目 Lorisiformes	ロリス上科 Lorisioidea	ロリス科（ノロマザル科）	ロリス亜科
					ギャラゴ亜科
		メガネザル下目 Tarsiformes	メガネザル上科 Tarsioidea	メガネザル科	
	真猿亜目 Simii	広鼻猿下目 Platyrrhini	オマキザル上科 Ceboidea	オマキザル科	
				マーモセット科	
		狭鼻猿下目 Catarrhini	オナガザル上科 Cercopithecoidea	オナガザル科	オナガザル亜科
					コロブス亜科
			ヒト上科 Hominoidea ［類人類 Anthropoid］	テナガザル科	
				オランウータン科	オランウータン亜科
					ゴリラ亜科
					チンパンジー亜科
				ヒト科（人類）	

分類(2)　ヒトと近縁種をまとめて扱おうとする分類

狭鼻猿下目	オナガザル上科	オナガザル科			
		オランウータン科	テナガザル亜科		
			オランウータン亜科	オランウータン属	
				ゴリラ属	
				チンパンジー属	チンパンジー亜属
					ヒト亜属

分類(3)　ヒトをできるだけ近縁種から遠ざけようとする分類

狭鼻猿下目	オナガザル上科	オナガザル科		
	オランウータン上科	テナガザル科		
		オランウータン科	オランウータン属	
			ゴリラ属	
			チンパンジー属	
	ヒト上科	ヒト科		

にもヒトという言葉を入れることに拘泥しない傾向がある．チンパンジー属のなかにヒト亜属を入れたりする（**表1.6**の分類（2））．ヒトをどの分類階級で分けるかにより，他の群の分類階級も連動して変わる（科を上科に格上げしたり，亜科に格下げしたりと）ことになるので補助階級がたくさん使われることになる．

　ヒトをできるだけ近縁種から遠ざけようとする分類はスプリッター的であり，反対に，ヒトと近縁種をまとめて扱おうとする分類はランパー的である．

　これらいくつかの分類法を狭鼻猿下目以下の分類として表1.6の分類（2），（3）に示すが，人間が自分自身（ヒト）を客観的に位置づけることの難しさが示されているといえる．基本的には，他の生物分類でも同様の悩みはあるが，やはり人間が自分自身の位置づけをどこにするかは，感情的あるいは宗教的な問題とからんでくることがあり，他の動植物と同等には扱いたくない心理が働く．これを乗り越えないかぎり，自然科学とはいい得ないのだが．

　本書では，ヒト科という階級で近縁種のチンパンジーやゴリラと分ける考え方（分類（1））をとることにしておく．また分類（2）を採用した場合は，現在用いられている学名を大幅に変更する必要が生じてしまう．

　なお，広鼻猿下目とは鼻孔が左右を向いて開いているサルであり，南米にのみ住んでおり，新世界猿あるいはオマキザル下目ともいう．狭鼻猿下目とは鼻孔が前下方に平行に開いているサルであり，アジアおよびアフリカ大陸に住んでいるので旧世界猿あるいはオナガザル下目ともいう．

コラム

霊長目

　霊長目の霊長とは，霊魂をもち一番優れたものという意味であり，アリストテレス以来の，人間が霊魂をもちその長である，という考え方からつけられた名前である．人間のことを，万物の霊長などともいう．霊魂はギリシア語ではプシケ，ラテン語ではアニマ（anima）といい，animalの語源となっているのも，その考えの現れである．霊長目の英語であるprimatesのprimも一番という意味であり，primary（一番の，一番最初の）やprime minister（総理大臣）などにも使われている．いずれにしても，生物としての特徴というよりは，人間が一番偉いことを強調する用語である．このことにも，人間が自分自身を位置づけることの難しさが現れている．

〈類人類の分類，人類，ヒト〉

分類(1)に示されているヒト上科のことを類人類（anthropoid）という．類人類のことを英語で ape といい，他のすべての霊長目の仲間を monkey という．テナガザルやチンパンジーを見てモンキーといってはならない．エイプである．

表 1.7　ヒト上科（類人類：ape）の分類（分類階級名がついていないものは種名）

小型類人類	テナガザル科	テナガザル属 *Hylobates*	ヒロバーテス亜属	シロテテナガザル *lar*
				アジルテナガザル *agilis*
				クロステナガザル *klossii*
				ワウワウテナガザル *moloch*
				ミューラーテナガザル *muelleri*
				ボウシテナガザル *pileatus*
			ブノピテクス亜属	フーロックテナガザル *hoolock*
			ノマスクス亜属	ホオジロテナガザル *leucogenys*
				ホオアカテナガザル *gabriellae*
				クロテナガザル *concolor*
			シンファラングス亜属	シアマン（siamang）*syndactylus*
大型類人類	オランウータン科	オランウータン属 *Pongo*	オランウータン *pygmaeus*	アベリイ亜種（スマトラオランウータン）*abelii*（生息地：スマトラ島北部）
				ピグマエウス亜種（ボルネオオランウータン）*pygmaeus*（生息地：ボルネオ島）
		ゴリラ属 *Gorilla*	ゴリラ *gorilla*	ベリンゲイ亜種（山ゴリラ，マウンテンゴリラ）*beringei*（生息地：中央アフリカ，ビルンガ山脈）
				グラウエリイ亜種（東低地ゴリラ，東ローランドゴリラ）*graueri*（生息地：ザイール東部低地）
				ゴリラ亜種（西低地ゴリラ，西ローランドゴリラ）*gorilla*（生息地：ナイジェリア，カメルーン・コンゴ）
		チンパンジー属 *Pan*	チンパンジー *troglodytes*	トログロディテス亜種（チンパンジー）*troglodytes*（生息地：カメルーン，コンゴ）
				シュワインフルティー亜種（東チンパンジー）*shweinfurthii*（生息地：ザイール，タンザニア）
				ウェルス亜種（西チンパンジー）*verus*（生息地：セネガル，ナイジェリア）
			ボノボ *paniscus*（旧名ピグミーチンパンジー，生息地：ザイール中西部）	
	ヒト科（人類）	ホモ属 *Homo*	サピエンス *sapiens*（現生は1属1種）	

現生の類人類の分類を**表1.7**に示す．ヒトの近縁種なので，属名，種名と，やや煩雑になるが亜属名や亜種名も記してある．またすべてではないが，生息域や学名も載せてある．

類人類のなかのテナガザル科を小型類人類（lesser ape），オランウータン科とヒト科を合わせて大型類人類（greater ape）という．また，ヒト科のことを人類（humankind）という．記憶すべき用語である．

ヒト上科やヒト科の学名については後述している．

類人類からヒト科（人類）を除いた群を類人猿（anthropoid ape）ということもあるが，ヒトも ape（naked ape）である．類人猿という用語は，ヒトをできるだけ近縁種から遠ざけようとする考え方（**表1.6**の分類(3)）を含む言葉であり，系統分類からも妥当性を欠いているので，一般語としては使われているが，死語としたほうがよい．

現生のホモ属サピエンス種のことを「ヒト」という．しっかりと記憶すべき用語である．「ヒト」はサピエンス種の和名である．これで「人類」と「ヒト」の用語について理解できた．「人間」は，人類について，その生活や文化など精神性を含んで表すときの用語である．本書でも，生物の一種として人を見るときには「ヒト」を使い，精神性を含んだ行動や生活を表すときには「人間」という用語を使っている．漢字やひらがなの「人」や「ひと」は一般語であり，専門用語（technical term）ではない．

これで，ヒトを自然界のなかで位置づけられるようになった．ヒトの分類学上の位置は，動物界脊椎動物門哺乳綱霊長目ヒト科ホモ属サピエンス種である．

コラム

類人類の名前

テナガザルの英語名は gibbon である．インドネシアの現地語に由来する言葉である．オランウータンは orangutan で，マレー語のオラン「人」とウタン「森」を組み合わせた「森の人」という意味である．orangoutan や orangoutang などとも書くが，もともとマレー語の聞取り書きなので，oran-utan と g のないこともある．ゴリラ（gorilla）は，ギリシア語でアフリカの多毛の部族の女性を指すゴリライが語源とされている．チンパンジー（chimpanzee）は，コンゴの現地語でチンパンジーを指すキンペンジに由来する．

1.3 和名と学名

ここまで生物分類で用いてきたカタカナ名は和名である．しかし，生物名をそれぞれの国の言葉で表していたのでは共通理解が得られないので，リンネ（Carl von Linné）はラテン語を用いることとし，"Systema Naturae"（1735）を著すときに，スイスの植物学者ボアン（Gaspard Bauhin）が1620年にすでに用いていた二名法などを取り入れながら学名の体系を整備した．植物界については1753年の"Species Plantarum"，動物界については1758年の"Systema Naturae（第10版）"が系統だった学名の記されたものであり，それ以前のものは正式な学名としては認められていない．学名のルールは国際命名規約（動物については国際動物命名規約）で定められているので，要点を以下に列記する．なお，学名自体をラテン語ではnomenといい，英語ではscientific nameという．

学名のルール

- 種名については，属名と種名を併記し，属名は頭文字を大文字で，種名は小文字で書く．これを二名法（binominal nomenclature）という．この際，何々属何々種というように属および種という分類階級名についてはわざわざいわなくてもよいことになっている．「ホモ属サピエンス種」を「ホモ・サピエンス」という．ただし，これはラテン語で書くべき学名の発音をカタカナで書いているのであり，学名の表記にはなっていない．*Homo sapiens* が学名である．
- 亜種名がある場合には，種名のあとに続ける．
- 種名・亜種名のあとに，命名者と命名した年を表記する．属名および種名を変更した場合は，変更者と変更した年を（ ）内に入れて表記する．
- 属種の学名はイタリック体（斜字体）で書く，イタリック体で書けない場合は下線をひく．これは文章中で他の単語と区別しやすくするためである．和名をカタカナで表記するのも，他の単語と区別しやすくするためである．
- 学名はラテン語なのでラテン語の発音，すなわちローマ字読みをする．アルファベットをそのまま発音すればよいので，日本人にとっては発音しやすい．ただし，次の例外がある．c[k], ch[k], th[t], ph[f], v[u], y[i], ae[ai]である．

第1章 自然界におけるヒトの位置

表1.8に，分類階級とそのラテン語名，英語名，学名の慣用語尾を示す．

ヒトの分類学上の位置である動物界脊椎動物門哺乳綱霊長目ヒト科ホモ属サピエンス種を学名で書くと，Animalia Vertebrata Mammalia Primates Hominidae *Homo sapiens* である．ヒト上科すなわち類人類は Hominoidea（ホミノイデア）であり，ヒト亜科は Homininae（ホミニニーと発音するのは間違いで，ホミニナイが正しい）となる．ヒト科は Hominidae であるが，これをホミニーデと発音するのは間違いで，ホミニダイが正しいが，ホミニーデがよく使われている．

表1.8 分類階級

和名	ラテン語名	英語名	慣用語尾	
			植物界	動物界
界	regnum	kingdom	-biota	
門	phylum（動物） divisio（植物）	phylum（動物） division（植物）	-phyta	
綱	classis	class	-opsida	
目	ordo	order	-ales	
上科	suprafamilia	superfamily	-acea	-oidea
科	familia	family	-aceae	-idae
亜科	subfamilia	subfamily	-oidae	-inae
属	genus	genus		
種	species	species		
亜種	subspecies	subspecies		
変種	varietas	variety		
品種	forma	form		

コラム

Homo の意味

Homo sapiens の *Homo* はギリシア語の gegenes からきている．ギリシア神話において人は，神々と同様に母なる大地の神 Gaia（Ge とも綴る）から植物がはえるように生まれ出たとされており，神々と同じ出自をもつという誇り高き gegenes（地生の）という言葉で表されている．この gegenes は gomos などを経て humus となり，human や humanity などの言葉となった．humus は「地面の」などという意味をもち home や homage（主従関係：同じ土地を守る，という意味から）などになったが，本来の「神々と同じ出自である地生の」という意味からヒトの属名の *Homo* がつくられた．*sapiens* は「知恵のある」というラテン語からきている．

1.4 化石人類を含めたヒト科の分類

現生人類（現生ヒト科）は1属1種であるが，化石人類を含めてヒト科を分類すると**表1.9**に示すようになる．学名で表してある．しかし，前記したように種の区分にはもともと時間概念が含まれておらず，したがって化石人類を含めて分類することにはさまざまな立場があって一様でないことをあらかじめ理解しておく必要がある．

ホモ属のことをヒト属ともいう．属名か種名かは頭文字の大小で区別できる．

sapiens（種）を *sapiens*（亜種）と *neanderthalensis*（亜種）に分ける立場と，*sapiens* と *neanderthalensis* として種レベルで分ける立場とがある．種レベルで分ける場合，繁殖が不可能な程度に遺伝的内容すなわち染色体の相同性が異なっている，つまり受精可能でないという考

表1.9 化石人類を含むヒト科（Hominidae）の分類

属	種	亜種
Homo	*sapiens*	*sapiens*
	sapiens	*idartu*
	neanderthalensis	
	floresiensis	
	rhodesiensis	
	heidelbergensis	
	erectus	
	ergaster	
	antecessor	
	cepranensis	
	georgicus	
	rudolfensis	
	habilis	
Paranthropus	*robustus*	
	boisei	
Kenyanthropus	*platyopus*	
Australopithecus	*garhi*	
	aethiopicus	
	africanus	
	bahrelghazali	
	afarensis	
	anamensis	
Ardipithecus	*ramidus*	
	kadabba	
Orrorin	*tugenensis*	
Sahelanthropus	*tchadensis*	

えが含まれている．しかし，種の区分には時間概念が検討されていないため，同時的に存在して繁殖的に独立であったと考えて別種としたのか，進化系統としては連続しているが便宜的に種段階として区分したのか，などという判断基準は学名に反映されてこない．また，進化の連続性を考えれば，異なる種名が与えられていたとしても繁殖可能でなければ連続的に存在することは不可能であり，この繁殖的連続性があるからといって同種であると主張すると，進化系統は永久に1

種と考えざるを得なくなる．

　また，系統関係を重視しすぎると進化的に種（あるいは種以上の階級）を分けにくくなり，違いの程度を重視しすぎると種（あるいは種以上の階級）を細かく分ける傾向が強くなる．系統上の小枝（clados）を元の枝の群に含めるか，新たな幹にまで生長した枝は段階（grade）が異なるとして別の群にまとめるかという，人為的とはいえ学問的にきびしい判断が，進化上の種の違いには含まれている．遺伝子分析がさらに進んだ状況であっても，この進化過程での種の判定は一元的に解決できる問題ではない．

　表 1.9 の，2005 年にインドネシアのフローレス島で発見された身長 1 m 余りの *Homo floresiensis* は，ホモ属の新種とするか病変によるものか議論が分かれている．

　かつて使われていた *Pithecanthropus erectus, Pithecanthropus palaeojavanicus, Sinanthropus pekinensis* などは，現在 *Homo erectus* にまとめられている．*Pithecanthropus* の pithecos はギリシア語でサルの意味であり，anthropos はラテン語でヒトの意味である．*Pithecanthropus* は，中国では「猿人」と訳しているが，日本では進化段階としての「原人」をあてている．

1.5　種以下の分類

亜種と人種

　同種のなかでのサブグループを示すため，亜種を分けることがある．類人類でも多くの亜種が使われている．そのほとんどは生息域の違いによるものである．

　しかし，ヒト（現生の *Homo sapiens*）の場合，亜種での区分は行われていない．ヒトが人自身を他の動物と同等に分類することへの抵抗感がその心底にあると考えられる．人間がヒトを分類することは難しい．ヒトの場合，他の動物以上に地域ごとでの身体特徴が異なっているので，種以下のサブグループで区別することは，ヒトの研究を行っている人類学では必要不可欠なのである．

　ヒトでは亜種という区分を使わず，分類階級にはない人種（race）という区分を用いてきたが，人種は人種差別主義（racism）につながるおそれもあり，現在では「集団」や「個体群」などとして，それぞれの地域集団を表す方法もとられ

ている．本書では，かつて使われていた黒色人種，白色人種，黄色人種などの代わりに，アフリカンブラック集団，ヨーロピアンコーカソイド集団，東アジアンモンゴロイド集団などのように地域をつけた集団名を原則として用いることにする．

人種は，スターン（Curt Stern）などにより「他集団と遺伝的に独立かつ隔離された集団」と定義づけられていたが，他の動物よりもはるかに隔離がなされずに地域連続的に繁殖が行われるのが人類の特徴でもあり，この定義に合致する人種は基本的に存在し得ない．「他集団と形質的および遺伝的に区別される集団の特徴」として基本的あるいは典型的特徴を表すために，この「集団特徴」という概念を用いるべきであり，個人あるいは集団自身に対して用いるべきではない，と私は考えている．

民族

人種に対比される用語に民族（ethnic group）がある．民族は「他集団と言語や宗教など文化的に区別される集団」という内容をもつものであるが，言語の違いは方言や世代間での言葉の差などを含めると，きわめて細かく区別されてしまう．それらをすべて民族の違いとするには無理がある．民族という概念は，個人や集団の自己認識やアイデンティティーにかかわるものであるため，個人や集団に付随する「民族」という概念を人間から離して「民族特徴」という概念に簡単に置き換えるわけにはいかないが，民族特徴が歴史的に変化した場合，「何々時代の民族特徴」という使い方は有効だと思う．

ちなみに，日本の国土には，アイヌ民族，本州・四国・九州などに住む集団（アイヌ民族に対して和人という呼び名もあるが，何々民族という名称はとくに与えられていない），琉球・沖縄などに住む集団（琉球民族と呼ぶ研究者もいる）の3民族がいるといえる．関東と関西で文化圏が異なることを理由に，民族としてこの2群を分ける研究者もいる．なお，「言語，文化などを共有し，一定地域内に住む同様意識をもつ集団」を部族（tribe）という．

人種という用語も，民族という用語も，研究者が扱う意味合いとは別の意味合いを，それぞれの時代とそれぞれの社会の中でつくり出し，伝えてきている．それはそれで，文化としての内容をもつものである．

第1章　自然界におけるヒトの位置

　人類学という分野が人類にとって重要なのは，人類の遺伝的あるいは文化的な変異，つまりそれが人種と呼ばれた集団であったり民族と呼ばれた集団であったりするわけだが，その変異があること自体が人類集団の特徴であり，互いにそれを自覚し合い尊重し合うことが当然であると気づかせてくれることである．人種差別主義や民族主義を標榜する心底には，自分と異なる集団が存在することを認めたくないという気持ちが働いていると思われる．こういう場合にこそ，人類学的人間理解が必要なのである．また，国連は人種差別主義に対抗してさまざまな提言あるいは宣言を行っている．本書の主題ではないので割愛するが，人間がヒトを客観的に理解することが難しいのと同様に，人間は他人あるいは自分と異なる集団を，自分を含めて客観的に理解することは難しいのである．自然人類学は，こうした人間観の基礎となる自然科学の基礎事実を提供する学問である．

品種と変種

　最後に，品種および変種について述べる．家畜や家禽あるいは栽培植物などで，人工的に個別の特徴をもつサブグループをつくり出した場合に品種（**breed**：系統や型などとも呼ぶ）という．1種内に数千の品種をもつ園芸植物（バラなど）や栽培作物（イネなど）などもある．変種（**variety**）とは，母種と異なる形質をもった場合に用いるものであるが，固定されて亜種となるものもある．

第2章 — 進化過程とヒトの特性

構成 2.1で進化，退化，適応，適応放散，生態的地位など進化に関連する用語について，2.2で地質年代区分と進化時間軸について説明したあと，初期脊椎動物（2.3），陸上の脊椎動物（2.4），哺乳綱（2.5），霊長目・類人類（2.6），ヒト科（2.7），の進化と特徴を解説する．

目的 生命誕生から現在のヒトが形成されるまでの進化過程をたどりながら，人類（ヒト科）の特性がどのように獲得されてきたかを実感すること．そのためには，進化の時間軸を実感することが重要なので，本書では初学者がわかりやすい方法を提示している．

到達目標 自分の人体に秘められた，進化過程を内包するさまざまな形質を実感してもらいたい．併せて人類以外の動物についても，それぞれの群の特徴を進化過程をふまえて理解してほしい．また，用語の説明が最初にきているので煩雑なことを嫌う読者には重荷かもしれないが，用語の正確な理解はその後の内容を読み取るのに必須なので，不明であれば説明に戻って確実にその内容を理解してもらいたい．

2.1 進化に関する用語と概念

進化

進化（evolution）の定義は「生物群が世代を超えてその形質を変化させてゆくこと」である．要点は，進化とは生物現象であり，世代を越えて形質が変化するときに使う用語だということである．すなわち，世代と世代あるいは時間の隔たった同系統の生物群などを比較して，その個別の形質あるいはその群全体について使う用語であり，個体に対して用いることはできない．「この群はあの群と比較して進化している」や「この形質はあの形質に対して進化している」は使うことができるが，「この個体はあの個体より進化している」などとは使えない．進化とは世代を越えた変化である．世代内の時間的変化つまり個体の時間的変化は成長（growth）であり，「私，昨日より進化した」などとは使えない．

進化という概念には「価値が高い」とか「よい方向に変化する」などの意味は一切含まれていない．誤った日常語感覚でこれらの用語を使用してはいけない．進化したために絶滅した生物は山ほどいる．

なお，形質とは形態（形と大きさおよびその中身：体型 body shape，体格 body size，体組成 body composition，これらを「形」で表した）と機能（function：体の働きであり，これを「質」という言葉で表した）を合わせた言葉である．

数世代など比較的短い期間で起きた進化を，小進化（microevolution）という．

進化とは世代を越えた変化であり，変化速度が速ければ，「速く進化した」あるいは「進化速度が速い」という．また，多くの形質が変化した場合や変化の度合いが大きい場合は，「多くの形質で進化した」あるいは「大きく進化した」という．骨盤と後肢をなくした鯨目は人類を含む霊長目と比較して「より大きく進化した」動物である．

〈高等，下等〉

より速くあるいは多くあるいは大きく進化した場合を高等（higher）あるいは進歩的（progressive），より遅くあるいは少なくあるいは程度が小さく進化した場合を，高等に対して下等（lower）あるいは原始的（primitive）という．鯨目は，霊長目より高等であるといえる．

〈共進化〉

複数の系統が互いに影響し合って進化した場合を共進化（co-evolution）という．たとえば，被子植物と霊長目は果実を仲立ちとして共進化し，被子植物は霊長目に果肉を食べさせ種子をばらまかせる（種子の散布を助けるよう）甘い果肉をつけ，種子が未熟なうちに食べられては困るので，苦味というまずい味もつけたが，果皮の色でも熟度を知らせることにした．霊長目は，未熟な果実を見分けるために色彩視を獲得した．これについてはのちに説明を補足するが，共進化の例である．

〈進化原理，進化法則〉

本書では進化原理（突然変異説，用不用説，弱肉強食のみの自然淘汰説，今西錦司のいう棲み分け理論など）や進化法則（体大化法則，非可逆の法則，非特殊化の法則，定向進化説，断続平衡説など）は詳述しないが，基本的には幅のある自然選択がおのおの個別の状況に合わせて進められてゆくことが進化の原動力である．

退化

退化（degeneration）の定義は「生物群が世代を越えてその形態をより小さく，あるいは単純化し，あるいはその機能を低下させてゆくこと」である．すなわち，進化の定義にいう「変化」の内容が「小型化」「単純化」「機能低下」などの場合に退化というのである．したがって，退化は進化の一部（部分集合）であり，進化と退化は同義語（synonym）的でこそあれ，反対語（antonym）ではない．退化を退化的進化あるいは退行的進化ともいう．たとえば，ヒト科の足指は短小化する方向に進化したので，退化的に進化してきた，ということができる．

生態的地位

生態的地位（ニッチェ：niche）とは，ある生物が生態系のどの地位あるいは位置にいるかを意味する概念である．具体的には，その生物が食物連鎖（food chain）のどの位置にいるか，つまり何を食べて何に食べられるかという関係を意味していたり，地球上のどの地域に棲んでいるか，あるいは木の上や地中など，どういう環境に棲んでいるかなどの生息域や生息環境をも含んでいる概念である．さらに，昼行性（diurnal）か夜行性（nocturnal）かなども含まれている．

生態的「地位」は生態的「位置」ともいい，種などの群に対して用いてもよいし，個体に用いてもよい．生態的地位を，日本語では「ニッチ」あるいは「ニッチェ」と書いている．

適応

適応（adaptation）の定義は「生物が環境に合わせてうまく生きてゆけるよう形質や行動などを変化させること」であり，その結果として生じた形質を適応形質（適応形態：adaptive form，適応機能：adaptive function），行動については適応行動（adaptive behavior）という．適応とは生物現象であり，酵素の活性など物質レベルから細胞，組織，器官，系，個体，群，生態系にわたるさまざまなレベルで起こる可能性がある．器質的に（構造などが）変化する場合も，構造は変化せず機能的に変化する場合もある．トレーニングにより筋線維の断面積が増大する（作業性肥大）のは前者であり，運動時に呼吸が激しくなるのは後者である．

適応の概念は広く，瞳孔反射（明暗順応）や体温調節なども適応である．すなわち，適応するための時間が短くても長くても用いられ，時間が短い場合は「反射」や「調節」などの用語を用いることが多く，世代を越えて長期にわたるときなどは進化法則として特徴づけられることもある．

適応の定義にある環境には，内部環境も外部環境もあり，それぞれ**表 2.1**に示すような環境因子があげられるが，その環境因子を複合的に組み合わせた「気候」あるいは「風土」などという総合的状況を環境ととらえることもできる．内部環境には，表2.1にも示したように，疾病状態，運動状態，満腹や空腹の状態などが含まれる．また，文化も環境となり得る．

表 2.1 環境要因

内部環境	身体要因	疾病状態，運動状態，空腹状態など
外部環境	物理的環境要因	温度，湿度，酸素濃度，気圧，日照量，重力など
	生物的環境要因	個体密度，隣接群，群内他個体，餌，天敵など
	生態的環境要因	地形，気候など
	文化的環境要因	制度，習慣，技術，道具など

適応放散

適応の要点として，「うまく生きる」という内容としては2点ある．すなわち

生物として自己の遺伝子を次世代に残してゆくことと，そのために個体として生き延びることである．これ以外の生物としての生きる目的は，遺伝子に載せられてはいない．個々人の人生の目的などは，各人の決定によるだけである．

適応放散（adaptive radiation）の定義および内容は，「進化過程で，ある生物群が他の生物群より適応的であり，その結果としてよりうまく餌を獲得でき，またよりうまく敵から逃げられるなどのため，①体大化し（体格が大きくなること），②寿命が伸び，そのため繁殖機会が増え，結果として，③個体数が増加し，そのために，④生息域が拡大し，⑤より有利な生態的地位を獲得し，その結果として，⑥それぞれの環境にさらに適応して形質を大きくまた速く変化させ（進化速度が速く），⑦群内での多様性を増やし（群内変異が増大し），その延長として，⑧新種などが分岐する」である．

一般語として「ある生物群が繁栄する」という言葉で表現されている内容とは，この適応放散という用語に含まれている内容の概略を述べたものである．本書では以後，「繁栄する」は使わずに「適応放散する」を使っている．適応放散という用語が出たら，これらの内容をすべて含むと理解することが重要である．放散（radiation）という言葉は，生息域を拡大することを意味しているが，適応放散という内容としてはさらに広いことをしっかりと記憶すべきである．

2.2 地質年代区分と進化の時間軸

進化の時間軸

進化の時間軸を実感することに，通常，われわれは慣れていない．個体成長の時間については，「昨日のこと」や「明日のこと」として実感できるが，進化の時間軸については数万年前ですらなかなか実感できない．これは進化の時間軸が，図2.1のように個体成長とは別次元（個体成長を横に連ねている次元）のものだからである．しかし，親や祖父母を実感できるように，世代にまたがる，あるいは個体成長を横につなげる進化軸を実感することは可能である．歴史を学んだ者は，奈良時代や江戸時代などといえば，その時代に意識として自由に行き来できるようになれるわけであり，以下に提示する方法に従えば，進化の時間軸を実感し自由に行き来できるようになれるはずである．

第2章　進化過程とヒトの特性

図2.1 個体成長と進化の時間軸

(個体成長の軸／進化の軸)

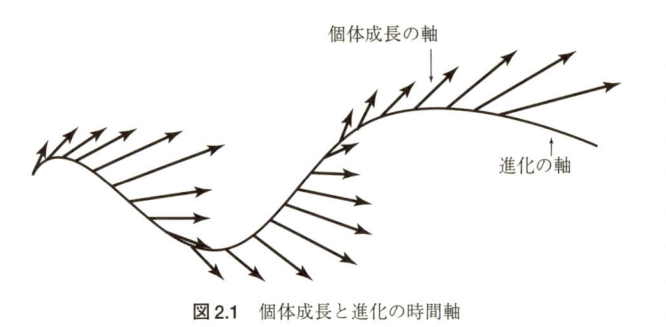

表2.2 時間と距離の換算

100年	1 mm
1000年	1 cm
1万年	10 cm
10万年	1 m
100万年	10 m
1千万年	100 m
1億年	1 km

どうするかというと，**表2.2**のように時間を距離に置き換え，身近な目標物などに対応させて覚えるのである．何駅からこちらが新生代などというように．

〈BPとBC〉

現在からどれくらい前かを表すのに，BP（before presentの略）を用いる．BC（before Christ）やAD（anno Domini）は歴史時代を表すのに使われるが，BCとBPとでは約2000年のずれが生じるので，縄文時代や弥生時代などを考える場合はBP表記かBC表記かに注意する必要がある．

〈過去の表し方〉

本書では，以下「人類誕生はca700万年前」などと記すが，caはギリシア語源のキルコス（circos：トビ）由来のラテン語サーカ（circa：約，およその意味）の略である．circle, circusなど，トビの描く輪あるいは円に関係する単語にもなるが，真値のまわりの意味で，約の意味がある．

1世紀を1 mmとする．「100歳まで生きて1 mm生きた」といえるわけである．100年を1 mmとすると1億年が1 kmとなるので，億年単位の時間軸を行き来する場合には換算しやすい．千万年以下は時間（万年）と距離（m）で1桁ずれるが，10万年が1 mと1万年が10 cmを頭に入れれば覚えやすい．

コラム

歴史，先史，古代

歴史時代（historic era）とは文字記録の残る時代を指し，それ以前すなわち文字記録のない時代が先史時代（prehistoric era）である．古代（ancient times）にはいくつかの使い方があるが，その国には文字記録はないが他の国がその国に関する文字記録をもっている時期を指して「古代」とする使い方もある．

進化の時間軸をつくる

いくつかの出来事をたどりながら，進化の時間軸すなわち時間と距離の対応の練習をしてみる．（　）内は換算した距離である．

〈宇宙の誕生，地球の誕生〉

ca137億年前（ca137 km），ビッグバンによりわれわれの住む宇宙が誕生した．ca50億年前（ca50 km），われわれの太陽が現在のように輝き始めた．すなわち現在と同じように，水素と水素を核融合させてヘリウムをつくり出し，膨大なエネルギーを放出し始めた．ca48億年前（ca48 km），地球より小さい月が誕生した．すなわち，それまで冷たい塵であった宇宙雲（space cloud）が万有引力などにより集合して一つの塊りとなり月ができた．ca46億年前（ca46 km），この地球が誕生した．月と同様，宇宙雲が凝集し，比重の大きい固体が順に地球の核とマントルと地殻をつくり，比重の軽い水が海として地殻をおおい，さらに比重の軽い気体が大気として地球をとりまいた．太古の陸と海と空が誕生したのが，自分から見て約46 km向こうである．

〈生命の誕生〉

それから数億年（数 km）して地球上に生物（バクテリアなど原核生物）が登場し，ca27億年前（ca27 km）には地球磁場が強くなりバンアレン帯（Van Allen radiation belts）が形成されて，太陽からの高エネルギー粒子が地表に届かなくなり，地球は地球上の生命にとってより安全な環境となった．これにより生物は浅い海に進出することができ，そこでクロロフィルをもつ植物型生物シアノバクテリアが光合成を開始し，遊離酸素を放出して，ca5〜4億年前（ca5〜4 km）にはオゾン層が形成され有害紫外線が吸収され，さらに地球は安全な環境となった．

〈古生代以降〉

ca6億年前（ca6 km），脊椎動物が誕生した．ca6億年前が古生代の始まりである．ca2.5億年前（ca2.5 km）が古生代の終わり，中生代の始まりである．ca6500万年前（ca650 m），中生代が終わり，恐竜，首長竜，魚竜，翼竜を含む多くの爬虫類が絶滅した．ca5000万年前（ca500 m），牡牛座のプレアデス星団（スバル）が誕生した．ca700万年前（ca70 m），人類が誕生した．すなわち，共通祖先から人類とチンパンジーが分岐したのである．ca400万年前（ca40 m），

第2章　進化過程とヒトの特性

── コラム ──

バンアレン帯と地磁気の逆転

　地球は磁石となっているため，地球をとりまく空間には両極をまるくつなぐドーナツ形の磁場が形成されており，この磁場に太陽からの高エネルギー荷電粒子がフレミングの法則に従い巻きついて荷電粒子が密に存在する領域ができている．このドーナツ形は，太陽側は太陽風に押しつぶされ，反対側は大きく開いている．バンアレン（J. A. Van Allen）は人工衛星エクスプローラ1号の観測結果からこれを発見し，バンアレン帯と名づけた．このバンアレン帯により，生物に有害な太陽風のなかの高エネルギー荷電粒子は遮蔽されて，地表は生物にとって棲みやすい環境となった．この荷電粒子が極地方に落ちる際にオーロラ（aurora）が発生する．なお，現在地球の北極はS極である（そのため磁石のN極が北を向く）が，マグマの対流の変化により過去何度も磁極が逆転している．ca250万年前～ca75万年前は，現在と逆に北極がN極であり，松山基範により発見されたので松山逆磁極期（Matsuyama reverse）と呼ばれている．現在はブリュンネ正磁極期（Brünne normal）であり，松山逆磁極期の前はギルバート正磁極期と呼ばれている．この長い磁極期（epoch）のなかにも一時的に地磁気が逆転することがあり，これを事件（event）と呼んでいる．地磁気の逆転の際にバンアレン帯が消失し，高エネルギー荷電粒子が地表に大量に降りそそぐため突然変異が増加するのではと考えられたが，有孔虫の研究などから否定されている．

現在オリオン座となっている元の一つの星が爆発した．ca200万年前（ca20 m），氷河時代が始まった．ca3万年前（ca30 cm），*Homo sapiens* が誕生した．ca11000年前（ca11 cm），最後の氷河期が終わり，日本では縄文時代が始まった．ca2000年前（ca2 cm），キリストが誕生したといわれている．

〈現在以降〉

　BPに対してはAP（after present：現在から先）を対応させることができる．少し先に時間軸を進めると，ca10億年後（ca10 km先），全天で一番明るい大犬座のシリウス（白色矮星：white dwarf）が消滅し，子犬座のプロキオンも終焉である白色矮星の前の赤色巨星（red giant）となる．ca50億年後（ca50 km先），われわれの太陽は水素を使い果たして核融合反応から核分裂反応へと移行して赤色巨星となり，巨大な赤いマントに地球は包み込まれ，約500℃の温度となり溶け出してしまう．さらにca100億年後（ca100 km先），赤色巨星となった太陽はさらにエネルギーを使い果たして白色矮星となり，さらに数億年（ca数km先）

コラム

白亜

　白亜は「白亜の殿堂」などと使われているが，ラテン語で白亜を表す creta は真っ白い岩石を意味し，実際には有孔虫，ウニ，貝殻，サンゴなどが浅海性に堆積したもので，炭酸カルシウムを主体とする石灰質石である．地中海に浮かぶクレタ島 (Crete) は，白亜紀 (Cretaceous period) の岩石でできている．地面に絵を描くときに使うこの白亜の岩石のことをチョーク (chalk) というが，長石など白い岩石や黒板に字を書く白墨もチョークという．

して冷たい星屑となる．でも，心配する必要はない．1 mm 生きるわれわれにとっての 50 km，100 km 先のことである．

地質年代区分

　表 2.3 に地質年代区分を記す．数字はその区分の始まる年代であり，対応する距離と百万年 (million year) 単位に換算した数字が最右欄に書いてある．なお，ca40〜25 億年前を太古代あるいは始生代 (Archean era)，ca25〜6 億年前を原生代 (Proteozoic era) あるいは先カンブリア代 (Precambrian era)，古生代・中生代・新生代をあわせて顕生代 (Phanerozoic era) ともいう．地質年代は大きい区分から，代 (era)，紀 (period)，世 (epoch) と分けられる．

　かつては古生代を第一紀，中生代を第二紀としていたが，これではあまりに区分として偏るので（この区分だと古生代以降を 6 km，2.5 km，650 m，18 m で分けることになる），第三紀と第四紀を合わせて新生代とし，第一紀，第二紀をそれぞれ古生代，中生代としたのである．

　カンブリアとはイギリスのウェールズ地方の古名であり，ウェールズを南北に走る山脈はカンブリア山脈という名である．オルドビス，シルルはウェールズに住んでいた古いケルト族の部族名である．デボンは地名であり，現在でもデボン州として残っている．

　アメリカ大陸ではヨーロッパの石炭紀に対応する年代を，ミシシッピー紀とペンシルバニア紀に分ける．石炭紀は，主にシダ植物がつくった生物由来の地層である．二畳紀はペルム紀ともいうが，ロシアのペルム王国のあった場所にこの時期の地層がある．二畳紀，三畳紀はそれぞれ地層が二層，三層に分かれているた

表 2.3　地質年代区分

				年前(開始時)	距離	Million year
新生代 Cenozoic era	第四紀 Quaternary period	完新世 (沖積世)	Holocene epoch (alluvium)	1.1 万	11 cm	
		更新世 (洪積世)	Pleistocene e. (diluvium)	180 万	18 m	1.8 M
	第三紀 Tertiary p.	鮮新世	Pliocene e.	530 万	53 m	5.3 M
		中新世	Miocene e.	2400 万	240 m	24 M
		漸新世	Oligocene e.	3800 万	380 m	38 M
		始新世	Eocene e.	5300 万	530 m	53 M
		暁新世	Paleocene e.	6500 万	650 m	65 M
中生代 Mesozoic era	白亜紀 Cretaceous p.			1.4 億	1.4 km	140 M
	ジュラ紀 Jurassic p.			1.95 億	1.95 km	195 M
	三畳紀 Triassic p.			2.3～2.5 億	2.3～2.5 km	250 M
古生代 Paleozoic era	二畳紀／ペルム紀 Permian p.			2.8 億	2.8 km	280 M
	石炭紀 Carboniferous p.	ペンシルバニア紀 Pensylvanian p.		3.24 億	3.24 km	324 M
		ミシシッピー紀 Mississippian p.		3.45 億	3.45 km	345 M
	デボン紀 Devonian p.			3.95 億	3.95 km	395 M
	シルル紀 Silurian p.			4.35 億	4.35 km	435 M
	オルドビス紀 Oldovician p.			5.00 億	5 km	500 M
	カンブリア紀 Cambrian p.			5.7～6.0 億	5.7～6 km	600 M

めに名づけられている．ジュラ紀は，スイスのジュラ山脈（この時期に堆積した地層が隆起してできている山脈）に由来している．

2.3　初期脊椎動物の進化と特徴

　約 6 億年前（ca6 km），いくつかの生物群が鉱物をつくる細胞，すなわち生鉱物産生細胞（bio-mineral generating cell）を手に入れた．これを造骨細胞という．
　そのうちの 1 群はリン酸カルシウム（$Ca_3(PO_4)_2$）という針状結晶鉱物をつくる細胞を手に入れた脊椎動物門であり，もう 1 群は炭酸カルシウム（$CaCO_3$）という鉱物をつくる細胞を手に入れた軟体動物門である．カルシウム（Ca）を体内に固定し蓄えることができたのである．

血液凝固

このことを理解するためには，血液凝固（coagulation）のしくみを知らなくてはならない．血液凝固には12種類の血液凝固因子（coagulation factor）が関与する．最初，13種類が関与すると予想されて番号が振り分けられたが，最終的には6番目がないことがわかり，6番が欠番の13番までの12種類となった．通常，ローマ数字で表すことになっている．番号はつけられていないが，**表2.4** 下段の二つの物質も血液凝固に関与していることがわかっている．血液凝固の最終産物は血餅すなわち瘡蓋（かさぶた：scab）である．

血液凝固の過程は次の4相に分けられている．

第1相――まず，血管損傷で露出されたコラーゲン（collagen：繊維状タンパク質）および損傷した血管壁から放出された組織性トロンボプラスチンが引き金となり，活性化型第V因子であるトロンボキナーゼがつくられる．前者を内因系あるいは血液系過程，後者を外因系あるいは組織系過程という．血管自体の損傷が内因系過程であり，血液中に組織液などが混じることが外因系過程である．

第2相――トロンボキナーゼが，第II因子であるプロトロンビンをトロンビンに変える．

第3相――トロンビンが，第IV因子すなわちカルシウムイオンの存在下で，第I因子であるフィブリノーゲンを繊維性タンパク質であるフィブリンに変える．血餅には髪の毛のような繊維状のものが見えるが，それがフィブリンである．これがあたかも，排水口に髪の毛が詰まるように血管損傷部からの出血を抑え，そこに赤血球，白血球，血小板などが固まりついて血餅となる．フィブリンは最初は単独繊維のモノマーであるが，トロンビンによって活性化された第XIII因子により重合してポリマーとなり，強固な血栓となる．そして，この血栓が止血をしている間に血管壁が修復されるわけである．

コラム

骨：リン酸カルシウム

リン酸カルシウム（$Ca_3(PO_4)_2$）など，一般式として $M_{10}(ZO_4)_{3n}X_2$ の組成をもつ鉱物をアパタイト（apatite）という．MはCa, Ba, Mg, Na, K, Fe, Alなど，ZはP, S, Si, Asなど，XはF, Cl, O, OHなどである．生物体中もっとも硬い歯のエナメル質は，$Ca_{10}(PO_4)_6(OH)_2$ の組成をもつアパタイトである．

第2章 進化過程とヒトの特性

```
血管損傷で露出したコラーゲン ─────────→ 血小板活性化            ──→ 流れ（物質変化）
                                                                    ⇒ 酵素（作用するもの）
Hageman 因子（XII）─→ 活性型 XII        血小板第3因子（リン脂質）
Fitzgerald 因子─→↑
Fletcher 因子─→カリクレイン│
                     ↓
              PTA（XI）─→ 活性型 PTA
                              Ca⁺⁺ ─→                組織性トロンボプラスチン（III）
                                                              ↓
              Christmas 因子（IX）─→ 活性型 IX        活性型 VII ←─ 安定因子（VII）
                                    不安定因子（V）
                   抗血友病因子（VIII）    Ca⁺⁺ ─→
              Stuart 因子（X）─→ 活性型 X ←─────── 活性型 X ←── Stuart 因子（X）
                            活性型 V（トロンボキナーゼ）
                                     ↓
                  プロトロンビン（II）─→ トロンビン      フィブリン安定化因子（XIII）
                              Ca⁺⁺ ─→                        ↓
                        フィブリノーゲン（I）─→ フィブリン（モノマー）
                                                        ↓ ←── 活性型 XIII
         プラスミノーゲンアクチベータ                 フィブリン（ポリマー）
                      ↓                                  ↓
         プラスミノーゲン─→プラスミン ────────────────→ フィブリン分解産物（FDP）
```

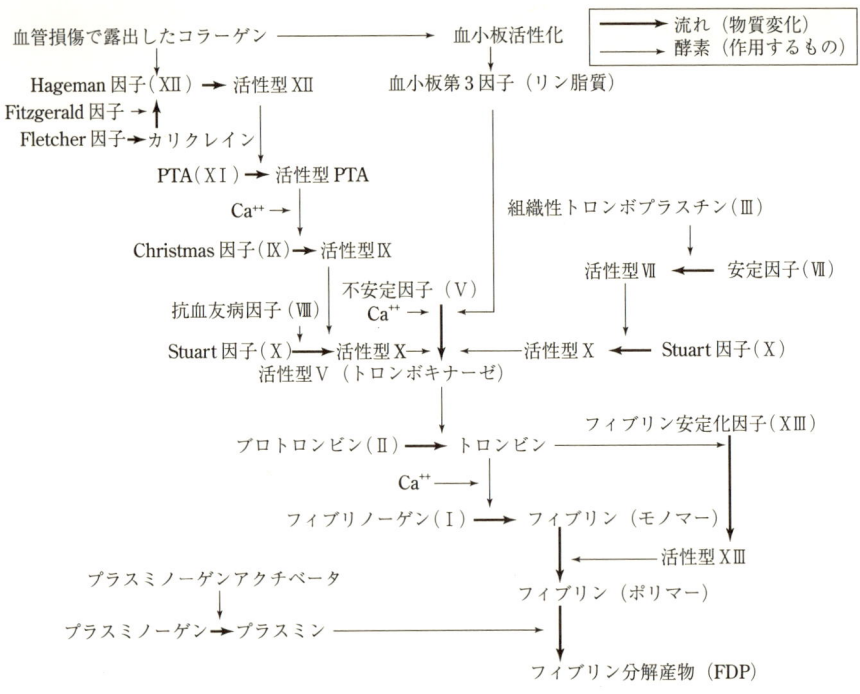

図 2.2 血液凝固のしくみ

表 2.4 血液凝固因子（VI：欠番）

I	フィブリノーゲン（fibrinogen）
II	プロトロンビン（protronbin）
III	組織性トロンボプラスチン（tissue thromboplastin）
IV	カルシウムイオン（Ca⁺⁺）
V	不安定因子
VII	安定因子
VIII	抗血友病因子（antihemophilic factor）
IX	Christmas 因子
X	Stuart 因子
XI	PTA（plasma thromboplastin antecedent）
XII	Hageman 因子
XIII	フィブリン安定化因子
	Fletcher 因子（プレカリクレイン）
	Fitzgerald 因子（高分子キニノゲン）

第4相——血管壁が完全に修復されると、プラスミン（plasmin）がポリマーのフィブリンに働いて、今度は血餅を分解してゆく。このフィブリン分解産物（FDP：fibrin degenerating product）は再吸収される。体外にはみ出た血餅は剥がれ落ちてゆく。

これが血液凝固のしくみである。この際、血液凝固第4因子であるカルシウムイオンがなければ、出血したときにうまく血液凝固ができずに失血死することになる。このカルシウムを体内に蓄えた脊椎動物と軟体動物は、怪我をしても失血死しなくてすむようになった。画期的なことである。

そのために、脊椎動物と軟体動物は適応放散した。脊椎あるいは骨格というと運動や体支持の役割を連想しがちだが、カルシウムは当初、循環系としての役目を担っていたのである。換言すれば、骨格系よりも循環系の起源は古い。

食べ合い関係

ただ、カルシウムを体内に蓄えているだけでは意味がない。カルシウムイオンとして血液中に絶えず一定量を保っていなければ、血液凝固には役立たない。脊椎動物でカルシウムを体内に蓄える生鉱物産生細胞は造骨細胞（osteoblast）であるが、この骨を壊してカルシウムイオンを血液中に放出するのは破骨細胞（osteoclast）であり、初期脊椎動物はこの両方を手に入れたはずである。

カルシウムイオンは、最終的には尿中に含まれ排出されてしまう。そのために、絶えずカルシウムを補給しなければならなくなった。脊椎動物は脊椎動物を餌とするのがもっともよいが（カルシウムだけでなくリン酸カルシウムの形で補給できるからである）、同時に適応放散した軟体動物は、脊椎動物にとってカルシウム供給源としての重要かつ好都合な餌であった。適応放散し個体数の増えた脊椎動物は、適応放散し個体数の多い群を餌とするのが当然であった。この頃から、脊椎動物と軟体動物がお互いを餌とする関係が生まれたのである。これを食べ合い関係（mutual food relation）と呼ぶことにする。換言すると、脊椎動物と軟体動物は互いを捕食するための咬器と消化系を進化させていった。ちなみに、現在のヒトの1日当たりのカルシウムの必要摂取量は（体格にもよるが）約600 mgといわれているが、それだけ毎日排出されているということなのである。ただし、摂取しただけではカルシウムは骨に沈着しない。カルシウムが骨に沈着するため

には，骨膜が引張られ，骨膜内のタンパク質が変形してピエゾ電気というタンパク変形に伴う電気が生じることが必要である．すなわち，運動をして骨にストレス（曲げや圧縮）を与えなければならないのである．

　もう一群，この「食べ合い関係」に参加したのが節足動物である．節足動物も，ca6億年前から，硬いキチン質（窒素を含む多糖類：Nアセチルグルコースアミン）を獲得し，それによって身を守り適応放散した群であるが，節足動物もカルシウムを体内に多く含む動物群である．キチン質のなかにはカルシウムも多く含まれ強度を増しているのである．エビやカニは脱皮をするときに，このカルシウムを一時胃のなかに回収し（そのため殻が軟化する），脱皮後に再度キチン質に沈着させる．脊椎動物と軟体動物と節足動物は，この地球上で適応放散した生物群として約6億年（ca6 km）の「食べ合い関係」を保っている．最近食べた脊椎動物と軟体動物と節足動物を思い出して実感することが大切である．また，表1.2（14ページ）に示した菌界，植物界，動物界が界レベルで「食べ合い関係」をつくっていると考えてもよい．

　カルシウムには，そのほか，タンパク質の代謝，ホルモン分泌，神経細胞の興奮調節，筋収縮の調節などの役目がある．これらの機能については割愛するが，この3門はカルシウムを体内に蓄積することにより，こうした生理機能を格段に進化させた群なのである．

初期脊椎動物

　この段階すなわち体内に脊椎というカルシウム貯めをもつ段階のみにとどまっている群が，すでに述べた無頭類であり，カンブリア紀の脊索動物であるピカイア（*Pikaia*）がこれにあたる．この子孫は現生のナメクジウオ（*Amphioxus*, 英名 lancelet）である．有頭類は，このカルシウム貯めをさらに脳や頭部の感覚器を守る保護器官にまで進化させた．頭蓋骨の誕生である．また，ツチ骨，キヌタ骨，アブミ骨からなる耳小骨をつくり出し，聴覚を発達させた．しかし，最初はまだ咬器である顎のない無顎類の段階である．初期無顎類はオルドビス紀のアランダスピス類などであり，次いでシルル紀からデボン紀にかけて欠甲類や異甲類が登場したが，ほとんどが石炭紀末で絶滅し，現生では円口目（ヤツメウナギ類とヌタウナギ類）が細々と生きているのみである．

―― コラム ――

血友病と伴性遺伝

　血液凝固因子の第Ⅷおよび第Ⅸ因子がつくられないと，それぞれ血友病Aおよび血友病Bとなる．この因子をつくるための遺伝子はX染色体上にある．X染色体は二つ以上あると（XXのように），片方のX染色体でつくれないタンパク質があると他方のX染色体が代わりにつくるため，片方に遺伝子欠損があっても問題とならないが，X染色体が一つしかない場合，たとえばXYなどではそれができない．そのため，X染色体上にある遺伝子の欠損によるものは，XX（多くの女性）に比較してXY（多くの男性）に多く発現する．これを伴性遺伝（sex-linked inheritance）という．XXの場合，一つのX染色体は核膜にドラムのバチのような形で張り付いており（これをdrum stickという），必要なときに足りない部分を代行する．これを発見者のライオン（M. F. Lyon）にちなみ，Lyonisationという．

有顎魚類の進化

　やがて顎骨をもつ有顎類（顎口類ともいう）が誕生する．咬器としての顎をもつ有顎類は，捕食に有利であり，さらに適応放散した．こうしてデボン紀には魚綱のすべてが出そろうことになる．すなわち体から棘が出た形をしている棘魚類，硬い鎧状の外皮でおおわれた板皮類（甲冑魚ともいう），軟骨魚類，硬骨魚類という魚綱の全群が出そろうことになるのである．そこで，デボン紀を「魚の時代」と呼ぶ．棘魚類はペルム紀末で，板皮類は石炭紀末で絶滅してしまう．軟骨魚類の子孫は現生のサメ目，エイ目，ギンザメ目である．

　シルル紀後期から現れた硬骨魚類は，流線形の形と，水中移動をす早く行えるヒレ（とくに尾ビレ）を備え，さらに適応放散した．適応放散すると，変異が増える．すなわち変わり者が現れる．コラーゲンの条がヒレにしなやかさを与えている条鰭類に対して，ヒレが筋を含む突起となった肉鰭類やヒレのなかに筋骨格系の構造をもつ総鰭類など変わり者が現れたのである．総鰭類の「総」は「すべて」という意味ではなく「ふさ」という意味である．このヒレが，筋骨格系をもち，どっしりとした総状の様相を呈しているからである．条鰭類は水中生活者として完成した形質をもち，デボン紀以来水中の主役として現在にまで至り，現生魚綱の大半を占めている．現生条鰭類は大きく3群に分かれる．チョウザメ目とポリプテルス目がもっとも原始的であり，次いでペルム紀全骨魚の子孫であるアミア目とレピスオステウス目，残りは現生の大半を占める真骨魚類である．

陸上に向かう脊椎動物

肉鰭類は，デボン紀のディプテルス（*Dipterus*）を経て現生の肺魚目につながった．

総鰭類は，椎骨に孔の開いている管椎類と扇鰭類の2群に分かれる．現生の管椎類がシーラカンス（椎骨に孔が開いている管椎の意味の英語名 coelacanths を日本語でシーラカンスとした）であり，マダガスカル島北部と東南アジアに生息している．

扇鰭類はデボン紀末にいくつかの系統に分岐し大部分は絶滅したが，オステオレピス類（Osteolepis）のエウステノプテロン属（*Eusthenopteron*）と呼ばれる淡水性肉食の 50 cm 大の扇鰭類は，陸生脊椎動物である両生類や爬虫類へと連続する形質を備えており，エウステノプテロンから陸上の脊椎動物へとつながっていったと考えられている．

エウステノプテロン以降の陸生脊椎動物の特徴としては，それまで魚では閉空

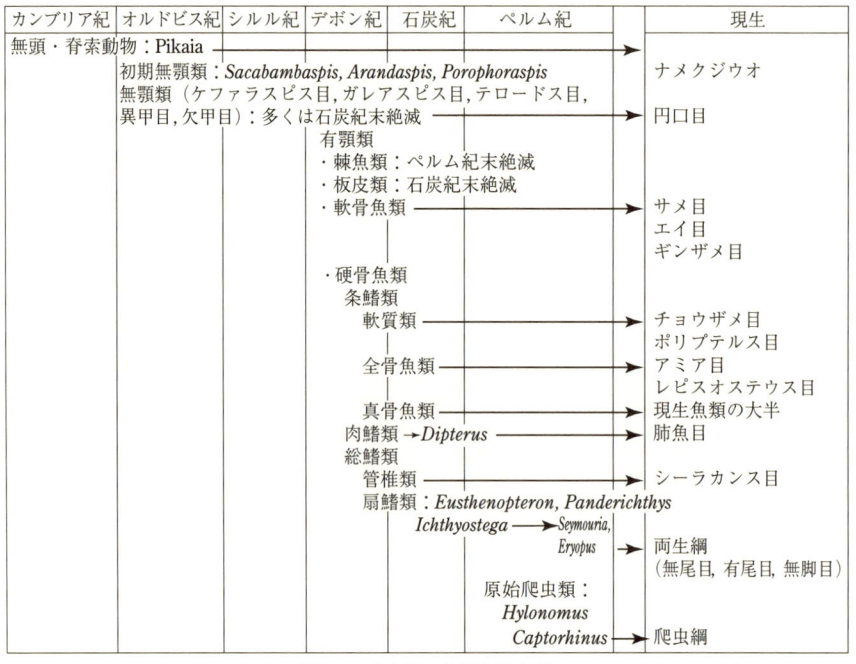

カンブリア紀	オルドビス紀	シルル紀	デボン紀	石炭紀	ペルム紀		現生
無頭・脊索動物：Pikaia							
	初期無顎類：*Sacabambaspis, Arandaspis, Porophoraspis*					→	ナメクジウオ
	無顎類（ケファラスピス目，ガレアスピス目，テロードス目，異甲目，欠甲目）：多くは石炭紀末絶滅					→	円口目
			有顎類				
			・棘魚類：ペルム紀末絶滅				
			・板皮類：石炭紀末絶滅				
			・軟骨魚類			→	サメ目
							エイ目
							ギンザメ目
			・硬骨魚類				
			条鰭類				
			軟質類			→	チョウザメ目
							ポリプテルス目
			全骨魚類			→	アミア目
							レピスオステウス目
			真骨魚類			→	現生魚類の大半
			肉鰭類 →*Dipterus*			→	肺魚目
			総鰭類				
			管椎類			→	シーラカンス目
			扇鰭類：*Eusthenopteron, Panderichthys*				
			Ichthyostega → *Seymouria, Eryops*				
						→	両生綱（無尾目，有尾目，無脚目）
				原始爬虫類：*Hylonomus* *Captorhinus*		→	爬虫綱

図 2.3　古生代の魚類と両生類

間であった鼻腔が口腔および眼裂近傍へとつながったこと，これは陸上脊椎動物の鼻呼吸を可能にすると同時に，鼻腔を広げて感覚器としての鼻の役割を増大させたはずである．水中の物質を同定する「味覚」を空中の物質を同定する「嗅覚」へと変化させたわけだが，これが後の哺乳類の豊かな臭いの世界へとつながってゆくのである．また，涙を鼻腔へ流すことも可能にした．

図 2.3 にデボン紀に適応放散を遂げた魚綱の各群を示す．重要なのは，こうしてわれわれ人類へとつながるこの進化の過程で，デボン紀末のエウステノプテロンまでに，骨格系としては，脊椎，頭蓋骨，耳小骨，顎，四肢を手に入れた，ということである．

注意しておくことは，魚の時代にもっていた骨格は，それに筋が付着し，力強く水をはじく弾力性を備えた運動器として機能したが，水中では浮力があるため，体支持をする必要はなかった（中性浮遊：neutral buoyancy）ことである．脊椎を含め四肢の骨格は，水中では運動器として機能し，陸上の脊椎動物となってからは，それに体支持機能が加わったのである．ちなみに，軟体動物にとっては，骨格系は保護装置としてしか機能せず，したがって軟体動物の運動能力は脊椎動物に及ばないのである．

2.4 陸上の脊椎動物の進化と特徴

エウステノプテロンが水中から陸上に進出する際，乗り越えなければならない障害がいくつかあった．体の支持，乾燥，紫外線，空気呼吸，そして餌などである．幸いにして，陸上にはエウステノプテロンの敵はいなかった．エウステノプテロンは，不完全ながらも，初めて陸上に進出し始めた脊椎動物であり，それ以前に進出していた節足動物（昆虫なども石炭紀に陸上で大適応放散を遂げていた）や軟体動物も，頑丈な咬器を備え運動能力の高い脊椎動物の敵ではなく，それどころか格好の餌であったのだ．体の支持は総鰭類としての四肢が受け持った．乾燥と紫外線に対しては，鱗から進化した分厚い皮膚が体を守った．魚類の薄い外皮と比較して陸上脊椎動物の皮膚は厚いが，有害な紫外線を防ぐためなのである．

当時の環境については，十分には復元されていない．しかし，当時適応放散していたシダ植物，とくに 20 m 以上にも生長する木生シダ（現生ではヘゴノキや

マルハチの仲間）がリグニンなど硬い木質がないため自重で倒れ，積み重なり，発酵し，発生した暖かい蒸気が湖沼を包んでいた可能性が指摘できる．このゆっくりと腐敗し発酵していったシダ植物が，のちに石炭となった．エウステノプテロンたちは，この蒸気で満たされた空気を鰓(えら)で吸い，鰓呼吸をしながらゆっくりと時間をかけて肺を形成してゆき，両生類へと進化していった．倒れたシダは，陸に上がるための格好の足場になったはずである．こうしてエウステノプテロンたちは，陸上進出を進めていった．デボン紀前半（ca3.9億年前：3.9 km）のことである．なお，両生類の祖先として，このほかに，パンデリクチス（*Panderichthys*：やはりオステオレピス類）もあげられる．

　こうして登場した両生類として知られているのは，デボン紀末のイクチオステガ（*Ichthyostega*）やペルム紀のセイモウリア（*Seymouria*）である．これらは，迷歯類(めいしるい)（歯の断面が迷路のように見えるため，この名がある）のエリオプス（*Eryopus*）を経て現在の両生綱へとつながった．

有羊膜卵の獲得

　本当の意味で陸上生活をするためには，卵を乾燥から守ることが必要であった．魚類や両生類のような卵では，空気中に放置すればやがて乾燥して死んでしまう．寒天質で包んだだけの卵しかもたない両生類も，やはり繁殖期には水場に戻らなければならず，完全な陸上生活者とはいえなかった．

　しかし，原始爬虫類のなかに，輸卵管から卵を産み出(は)す際，羊膜（amnion）という特殊な膜と卵殻（shell）という保護装置をつけるようになった群が出現した．羊膜をもつ卵を有羊膜卵という．羊膜は，酸素や二酸化炭素は通すが水は通さない．卵にとって，呼吸はできるが乾燥せずにすむという半透膜である．

　石炭紀に出現したヒロノムス（*Hylonomus*）やペルム紀のカプトリヌス（*Captorhinus*）は，こうした有羊膜卵をもつに至る過程の原始爬虫類であった．

　有羊膜卵であるためには，体内受精が必要条件となる．爬虫類のメスは，体外受精の魚類や両生類のように多量の卵をつくり出すことはできなくなった．卵を精選してつくり出し，大量の精子のなかから良い精子を選び出して体内で受精させる必要が生じたのである．こうして，オス同士の性淘汰が激しくなった．

　有羊膜卵を手に入れ，水場を離れることができ，敵のいない新しいニッチェを

獲得できた爬虫類は適応放散した．こうして中生代は爬虫類の時代となった．

中生代の爬虫類

爬虫類は頭骨の構造で分類される．頭骨には眼球を入れる眼窩と呼ばれる穴が1対あるが，爬虫類では，その他に側頭窓という咬むための筋を通す穴がある．側頭窓が1対ある群（単弓類）と，2対ある群（双弓類）が生じた．側頭窓のない群が無弓類である．適応放散の結果，こうした変異が生じたのである．これらすべてが，中生代三畳紀に出現した．

図2.4に，中生代での爬虫類の分類と進化の概略を示す．ここでは中生代での

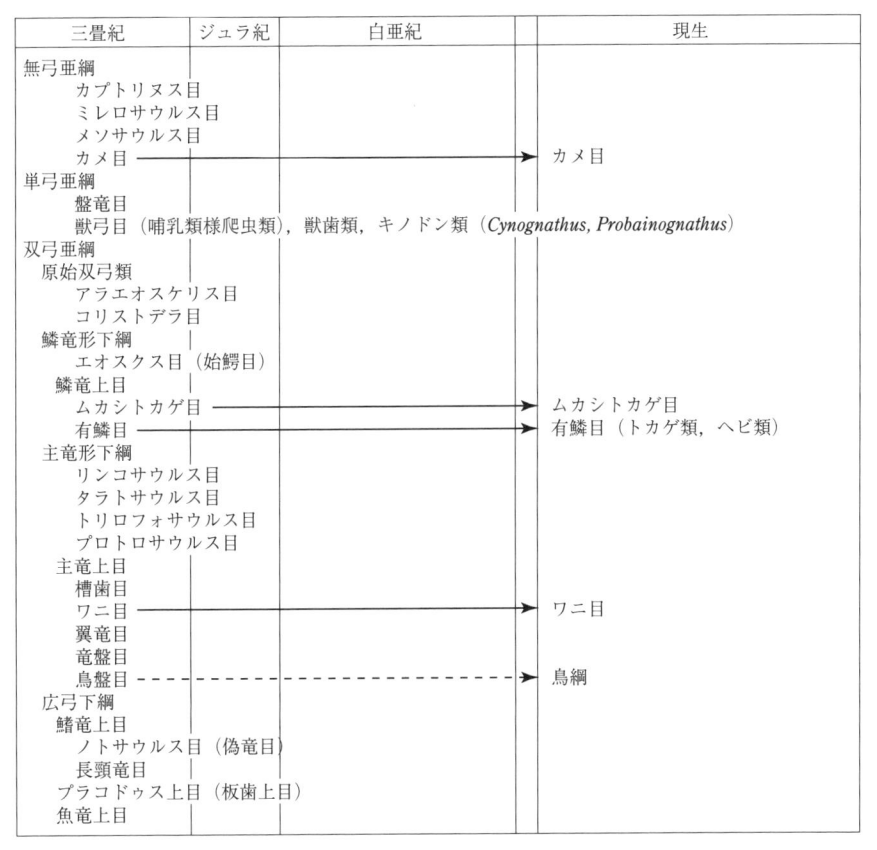

三畳紀	ジュラ紀	白亜紀	現生
無弓亜綱			
カプトリヌス目			
ミレロサウルス目			
メソサウルス目			
カメ目　―――――	―――――	―――――	→ カメ目
単弓亜綱			
盤竜目			
獣弓目（哺乳類様爬虫類），獣歯類，キノドン類（*Cynognathus, Probainognathus*）			
双弓亜綱			
原始双弓類			
アラエオスケリス目			
コリストデラ目			
鱗竜形下綱			
エオスクス目（始鰐目）			
鱗竜上目			
ムカシトカゲ目 ―――	―――――	―――――	→ ムカシトカゲ目
有鱗目 ――――――	―――――	―――――	→ 有鱗目（トカゲ類，ヘビ類）
主竜形下綱			
リンコサウルス目			
タラトサウルス目			
トリロフォサウルス目			
プロトロサウルス目			
主竜上目			
槽歯目			
ワニ目 ――――――	―――――	―――――	→ ワニ目
翼竜目			
竜盤目			
鳥盤目 - - - - - - -	- - - - - -	- - - - - -	→ 鳥綱
広弓下綱			
鰭竜上目			
ノトサウルス目（偽竜目）			
長頸竜目			
プラコドゥス上目（板歯上目）			
魚竜上目			

図2.4　中生代の爬虫類

分類階級を用いた．なお，竜盤目（りゅうばん）と鳥盤目（ちょうばん）を合わせて恐竜 (dinosaurus：deinos 恐ろしい，saurus トカゲの合成語) という．

詳細は割愛するが，適応放散の結果生じた変わり者が獣弓類（じゅうきゅう）であり，哺乳類の祖先である．

2.5 哺乳綱の進化と特徴

初期哺乳類

真の意味で陸上進出を果たした爬虫類が全盛期を迎えたジュラ紀，哺乳類様爬虫類である獣弓類の中の獣歯類（さらにその主要群であるキノドン類）のなかに，イヌに似た顎をもつキノグナートゥス (*Cynognathus*) やプロバイノグナートス (*Probainognathus*) と呼ばれるものが現れた．これら原始哺乳類の特徴は，大きな眼窩，長い吻部（ふんぶ），切歯・犬歯・頬歯に分化した歯，両生類や爬虫類が体幹部の横に突き出た四肢をしているのに対し体幹部の下に位置された四肢，毛をもっていたと考えられる血管網の発達した皮膚などであり，現生哺乳類の特徴の萌芽を備えていたのである．

異歯性

哺乳類（なかでも有胎盤類）一般の特徴を列記してみる．まず，これまでの爬虫類が突き刺すだけの錐歯（すい）のみを備えていた同歯性 (homodontism) であるのに対し，植物食用の切歯，爬虫類由来の犬歯，上下の咬頭（こうとう）が切り裂きと押し潰し機能 (tribosphenic type) をもつに至る頬歯（臼歯ともいい，霊長目では小臼歯と大臼歯に，それ以外の目では前臼歯と後臼歯に分ける）に分化した．これを異歯性 (heterodontism) という．換言すれば，多様な食性をもつようになったわけである．なお，「上顎の切歯・犬歯・前臼歯・後臼歯の数」を分子に，「下顎の切歯・犬歯・前臼歯・後臼歯の数」を分母にして表したものを，歯式（ししき）(dental formula) という．原始哺乳類の歯式は 3143/3143 である．

視覚，嗅覚，皮膚感覚，体温調節

大きな眼球と眼球を動かす筋の発達も，哺乳類の特徴である．集音装置として

の耳介,獣すなわち毛物の象徴である体毛や睫毛や感覚毛,毛細血管や末梢神経の発達した真皮をもつ皮膚,このために得られる鋭敏な皮膚感覚と高い体温調節機能,長い吻部(鼻面)により得られる鋭い嗅覚,これらが哺乳類一般の特徴である.

これらの特徴は,おそらく夜行性のために獲得されたのだろうと考えられている.初期哺乳類は,捕食者である変温動物の大型肉食爬虫類が動かなくなる夜というニッチェを獲得して生き延びることができたのであり,夜行性という特徴を活かして適応放散したのである.視覚,聴覚,嗅覚は,夜行性の動物が餌を獲得するのに必要な身体特性であった.鋭敏な皮膚感覚も,豊富な毛細血管網で夜でも高い体温を保ち調節できる機能も,夜行性に必要なのである.

産熱,代謝

次式は,(構成元素で示した)食物を酸化し,二酸化炭素と代謝水,そしてエネルギー物質であるATP(adenosine-tri-phosphate)と熱を排出するという,ミトコンドリアでのTCA回路(tri-carbonic-acid cycle)の内容を示している.

$$[CHON 化合物:食物] + O_2 \longrightarrow CO_2 + H_2O + ATP + [代謝熱]$$
(Nは,アンモニア,尿酸,尿素などとして排泄される)

代謝を高め体温を上げるには,多量の食物を必要とする.さまざまな食物を食べるために異歯性が獲得され,それらを消化するために,多種類の消化酵素と肝臓での高い解毒機能が獲得された.また,食物が腐っていないかどうかを確認するための味覚(とくに酸味)の発達も哺乳類の特徴である.哺乳類にとって最初に口にしもっとも安全な食物は母乳である.母乳の甘味と腐敗味の酸味は味覚のなかで最初に獲得されたものと考えられる.甘味が舌の先端,酸味が舌全体あるいは側面の広い部分にわたっていることも,これら味の意味と対応していると考えられる.哺乳類は爬虫類と比較して,はるかに大食漢となったのである.

大汗腺

毛の発達にともない,爬虫類で行っていた脱皮(molt)は行えなくなり,表皮から垢として細胞を捨てるようにした.もともと表皮とは,紫外線で傷んだある

いは癌化した細胞を捨てるための器官である．脱皮ができないことと併せて，哺乳類では皮膚に分泌腺を発達させた．最初に獲得したのは大汗腺である．大汗腺は汗腺細胞自体が死滅して分泌されるので，全分泌型汗腺すなわちアポクリン汗腺（apocrine sweat gland）という．汗腺内で，その個体のもつ特有のタンパク質や脂質が分解するので，個体識別可能な臭いが出ることになる．哺乳類はこれを鋭敏な嗅覚で嗅ぎ分けて豊かな臭いの世界「マーキング行動」をつくりあげていった．

哺乳類としてのコミュニケーションと母子関係

声帯の発達による高い音声コミュニケーション能力も哺乳類の特徴である．それにともなう「群れ」の形成と役割分担（分業行動），群れを統率するための規則（掟）とそれを破ったときの罰則など，社会性にかかわるさまざまな段階の機能が哺乳類段階で獲得されたのである．

忘れてならないものに，母親の体内で育つ「体内養育」がある．出産も，卵生（oviparity）ではなく胎生（viviparity）である．これにより，爬虫類よりもさらに少ない子供しか育てられなくなった．体内養育と出産後の授乳負担と合わせて，母親の負担増とともに母子関係がきわめて緊密になった．これも哺乳類の重要な特徴である．授乳と体内養育のどちらを進化的に先に獲得したかというと，現生の単孔目（カモノハシ類とハリモグラ類）では卵生であるが，授乳（カモノハシではオスも乳汁分泌する）することを考えると，授乳が先であろう．育児行動や母性愛の更なる進化，これにともなうコミュニケーション能力（表現力や感情表出）の増大も哺乳類の特徴である．

これらの特徴を，ヒトは哺乳類として，ca1.5億年前（ca1.5 km）に手に入れたのである．

ヒトの場合，フロイト（Sigmund Freud）学派（Freudian school）のいうように，娘と父親間のエレクトラ・コンプレックス（Electra complex）および息子と母親間のエディプス・コンプレックス（Oedipus complex）が，家族間の心理的葛藤の大きな割合を占めているとされるが，哺乳類としての（息子であれ娘であれ）子供と母親の心理的関係は，子供と父親の関係および父親と母親の関係より強いといわざるを得ない．

その他の哺乳類らしさ

これら哺乳類らしい機能を支える一段と発達した大脳，それを入れるために丸く膨隆した脳頭蓋も哺乳類の特徴である．そのほか，胸部と腹部間に横隔膜ができ，7個の頸椎と腰椎から肋骨が消え，したがって胸部肋骨を大きく動かす胸式呼吸と，横隔膜を用いた吸い込み式の腹式呼吸ができるようになったこと，換言すれば，胸部と腹部が分かれたこと，さらに，四肢が体幹部の下にきたため，移動の際，体幹部を左右に振らずに腹背方向に屈曲伸展させるよう移動運動（ロコモーション：locomotion）を行うようになったことも哺乳類の特徴である．ちなみに，魚類や両生類そして魚竜などの爬虫類は左右に体幹部を振って泳ぐが，哺乳類の鯨目は上下（腹背方向）に体幹部を振って泳ぐわけである．

これらの特徴を，哺乳類である自分に照らして実感してもらいたい．

中生代の哺乳類

中生代における哺乳類の分類と進化を，図 2.5 に示す．

キノドン類のキノグナートゥス（*Cynognathus*）やプロバイノグナートス（*Probainognatus*）は，三畳紀末哺乳類のメガゾストゥロドン（*Megazostrodon*），エリトゥロテリウム（*Erythrotherium*），エオゾストゥロドン（*Eozostrodon*），モルガヌコドン（*Morganucodon*）などを経て，ジュラ紀には5群に放散した．すなわちドコドン目（現生単孔目の祖先），トリコノドン目（白亜紀に絶滅），相称歯目（ジュラ紀に絶滅），多丘歯目（白亜紀を過ぎて絶滅），真全獣目（現生有袋目と有胎盤類（真獣類）の祖先）である．2002年中国遼寧省で，真獣類最古（ca1.25億年前：ca1.25 km）の化石としてエオマイア・スカンソリア（*Eomaia scansoria*）が発見された．ただし，エオマイアはきちんとした胎盤をもっていなかったと考えられている．ちなみに，エオマイアの歯式は5153/4153であり，真獣類の基本形4143/4143より歯数が多く，真獣類として確立する前の段階と考えられる．また2006年には，中国内モンゴル自治区からやはりca1.25億年前の哺乳類化石が見つかっており，ムササビのような前後肢間にある皮膜で滑空したとされている．ca1.25億年前は，最古の被子植物（*Archaefructus chinensis*）が誕生した時期でもある．ca1.25億年前は被子植物が，哺乳類，なかでもとくに真獣類と共進化を開始する時期と考えてよいであろう．

第2章 進化過程とヒトの特性

三畳紀	ジュラ紀	白亜紀	現生
キノドン類 *Cynognathus* *Probainognathus*			
	Megazostrodon *Erythrotherium* *Eozostrodon* *Morganucodon*		
	ドコドン目 トリコノドン目（白亜紀に絶滅） 相称歯目（ジュラ紀に絶滅） 多丘歯目（白亜紀を過ぎ絶滅） 真全獣目		単孔目
		有胎盤類（真獣類） *Eomaia scansoria*	有袋目 有胎盤類

図 2.5　中生代哺乳類

2.6　霊長目の進化と特徴

初期霊長類

白亜紀後期から暁新世にかけて，真獣類は適応放散した．エオマイアやメラノドン（*Melanodon*）を経て，ザラム（ブ）ダレステス（*Zalambdalestes*）やデルタテリジウム（*Deltatherisium*）から霊長目の近縁群である食虫目（*Insectivora*）と齧歯目（*Rodentia*）が誕生した．そして，ca7000 万年前（ca700 m）のプルガトリウス（*Purgatorius*）が，霊長目の祖先である．

白亜紀末，樹上というニッチは，ヘビやトカゲという小型有鱗類のものであった．そして中生代末の爬虫類の大絶滅により，樹上というニッチがあき，ここにプルガトリウスたちが進出し適応放散した．樹上生活（arboreal life）の開始である．

プルガトリウス以後，カルポレステス（*Carpolestes*），プレシアダピス（*Plesiadapis*），ノタルクトゥス（*Notharctus*）などがさらに樹上性を強めていった．これらは，登木目（*Scandentia*：かつて霊長目に入れられていたツパイの仲間）と原猿亜目のメガネザル類（Tarsiformes）につながっていった．

ドリオピテクス類

新生代に入り，（詳細は割愛するが，属名およびその現生の末裔について図

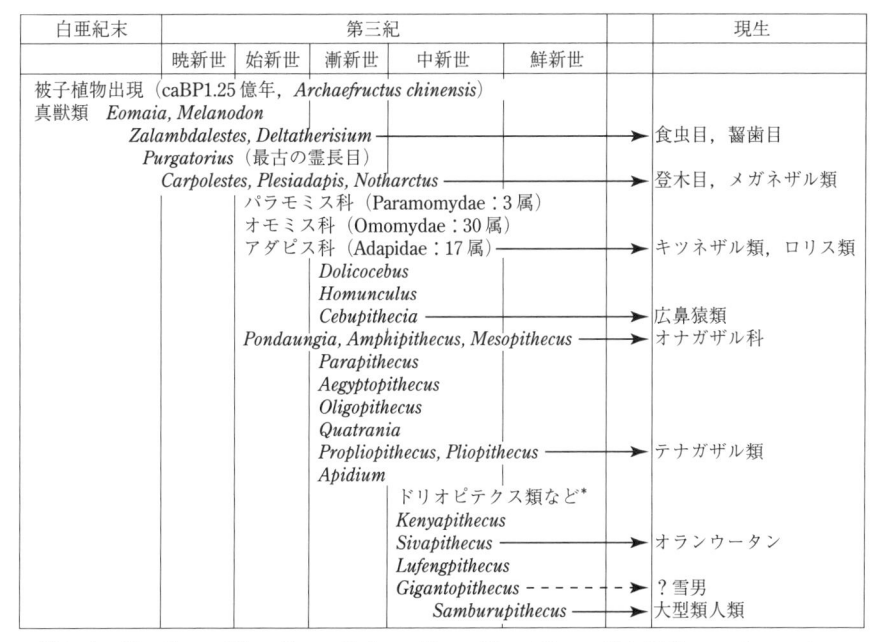

2.6 霊長目の進化と特徴

白亜紀末	第三紀					現生
	暁新世	始新世	漸新世	中新世	鮮新世	

```
被子植物出現（caBP1.25 億年, Archaefructus chinensis）
真獣類  Eomaia, Melanodon
             Zalambdalestes, Deltatherisium ─────────────→ 食虫目，齧歯目
                Purgatorius（最古の霊長目）
                Carpolestes, Plesiadapis, Notharctus ─────→ 登木目，メガネザル類
                    パラモミス科（Paramomydae：3 属）
                    オモミス科（Omomydae：30 属）
                    アダピス科（Adapidae：17 属）─────────→ キツネザル類，ロリス類
                          Dolicocebus
                          Homunculus
                          Cebupithecia ───────────────────→ 広鼻猿類
                        Pondaungia, Amphipithecus, Mesopithecus → オナガザル科
                          Parapithecus
                          Aegyptopithecus
                          Oligopithecus
                          Quatrania
                          Propliopithecus, Pliopithecus ─────→ テナガザル類
                          Apidium
                                  ドリオピテクス類など*
                                  Kenyapithecus
                                  Sivapithecus ──────────────→ オランウータン
                                  Lufengpithecus
                                  Gigantopithecus - - - - - - → ?雪男
                                  Samburupithecus ──────────→ 大型類人類
```

（注） * *Afropithecus, Micropithecus, Turkanapithecus, Limnopithecus, Nakalipithecus nakayamai, Dendropithecus, Ramapithecus. Proconsul, Cholorapithecus, Dryopithecus, Nyanzapithecus, Nacholapithecus kerioi, Mabokopithecus, Kamoyapithecus, Simiolus, Heliopithecus, Rangwapithecus*

図 2.6　第三紀霊長目

2.6 に示す）霊長目は樹上生活者として適応放散を続け，ドリオピテクス（*Dryopithecus*）類と総称される大型類人類の共通祖先を生み出した．ドリオピテクス類が狭鼻猿の共通特徴であった「頬袋」と「長い尾」を失ったのは，この頃（ca1600〜1500 万年前：ca160〜150 m）である．ドリオピテクスからオランウータンが分岐したあと，中新世 ca950 万年前のサンブルピテクス・キプタラミ（*Samburupithecus kiptalami*）が，ゴリラ・チンパンジー・ヒト科の共通祖先となった．ドリオピテクス類の大臼歯の咬合面に見られる Y 字とそれに横一線が加わる溝のパターンはドリオピテクス・パターンと呼ばれ，現在でも大型類人類の歯冠咬合面に高頻度に残されている．

霊長類の基本的特徴

その霊長目の特徴とは，まさに樹上生活に必要な形質そのものである．具体的

には，手・足・尾の把握性，立体視，色彩視，高い音声言語能力およびそこから引き出された高い社会性である．

〈把握性と自由度〉

把握性について見てみよう．ヒト科では，下肢が大きく変化（進化）し，足と尾の把握性を失ったので，下肢と尾については実感がわきにくいが，霊長類一般について見ると，まず，前後肢は肩甲骨および骨盤と球状関節で関節している．球関節は前後・左右・上下方向の3軸を回転軸として運動できる（それぞれ，ヒトでは内転－外転，屈曲－伸展，水平屈曲－水平伸展という）のみならず上腕骨や大腿骨の長軸を回転軸としても運動（内旋・外旋）できる，すなわち4自由度ある．肘関節と膝関節は，屈曲－伸展の1自由度であるが，前腕部と下腿部は2本の骨でできているため回内－回外（肘を固定したまま手掌を下向き，上向きにする動作）ができる．手首と足首は，屈曲－伸展と拇指側への屈曲（手では撓屈）と小指側への屈曲（手では尺屈）の2自由度．拇指は手根骨や足根骨と中手骨や中足骨での屈曲－伸展と内転－外転の2自由度に，中手骨や中足骨と基節骨での屈曲・伸展，基節骨と末節骨での屈曲－伸展の2自由度が加わる．第2指から第5指までは，中手骨や中足骨と基節骨での屈曲－伸展と内転－外転の2自由度に，基節骨と中節骨，中節骨と末節骨での屈曲－伸展の2自由度が加わる．合計28自由度をもつ各肢を4本もち，さらに屈筋により腹側に強く巻きつけられる尾をもっている．

〈拇指対向性〉

霊長類は，さまざまな方向に向いている枝を，112自由度をもつ（すなわちそれだけさまざまな位置に到達できる）運動を制御しながら把握できるのである．自由度だけではない．肩関節と股関節の広い可動域と長い四肢と指は，この把握性をさらに多様なものにしている．また，拇指が他の指と離れ，向かい合わせにして物をつかむことができる．これを，拇指対向性（thumb opposability）という．

〈平爪と精神性発汗〉

力強い把握（power grip）だけでなく，小さな物も正確につまむ精密把握（precision grip あるいは pinch）できる装置としての平爪（鉤爪：claw に対してnail）をもち（原猿類では鉤爪をもつものも多く，後肢第2指は共通してすべて

鉤爪である），滑り止めのための指紋や掌紋（クモザルなどでは尾紋もある）があり，そこに大汗腺から進化した小汗腺（大汗腺のように細胞が壊れて分泌されることはなく，主として水分が分泌されるため外分泌型汗腺あるいはエクリン汗腺：eccrine sweat gland という）が滑り止め効果をさらに高めるため，敵がきた場合など緊張した状態で自律的に発汗する．これを精神性発汗（mental perspiration）といい，指腹面や掌面に精神性発汗が起きると「手に汗握る」という．指腹面や掌面だけではなく足底面や前腕内側面でも発汗し，精神性発汗の強いヒトでは，さらに前額部，後頭部，背部などにも発汗し，「背筋がぞっとする」と表現されるのである．

〈把握機能と霊長類らしい行動〉

把握機能は霊長類の基本的特徴であり，子供が母親に抱きつき母親が子供を抱きしめる「抱っこ」は霊長類特有の行動である．母子間の「抱っこ」により，霊長類の母子関係はさらに強化されることになった．原猿類では子供をくわえて運ぶ場合もある．ちなみに，背中に乗せる「おんぶ」は哺乳類のみならず爬虫類や両生類にも見られる行動である．

また，この把握性を別の言葉で表現すれば手・足・尾の器用さであり，この手を用い体表感覚が鋭敏になった哺乳類の特性をさらに進めて，スキンシップ（physical contact）あるいはグルーミング（grooming）を頻繁に行い，個体間関係をさらに緊密にしたのも霊長の特徴である．ニホンザルなどの「ノミ取り行動」やヒトが手を使う「握手」などもこの延長線上にある行動なのである．

霊長類の場合，これら把握性はロコモーション（体移動）のための機能であるため，霊長類は上肢と体幹部をつなぎ止めようと，それまで消失していた鎖骨を復活させた．鎖骨は上肢が関節している肩甲骨と胸郭の胸骨をつなぐ骨であり，体幹部の重量を骨の連結で上肢に伝えることができるようになった．鎖骨は霊長目のほか，齧歯目，兎目，食虫目，皮翼目にも存在している．

〈嗅覚の退化〉

哺乳綱は嗅覚を発達させた群であった．地上では移動ルートや移動した時間が臭いの情報として残され，さまざまなマーキング行動として使われている．しかし，霊長類のニッチェである樹上では，同じ枝を他個体が通るとはかぎらない．また枝や葉はすぐに落ちてしまう．臭いの情報は樹上生活では役に立たなくなっ

た．霊長類は嗅覚を退化させ，吻部が短い顔になった．原猿類であるキツネザルなどは，天敵がいないマダガスカル島で，樹上生活から地上生活（terrestrial life）にニッチェを移し，再び嗅覚を発達させたため，吻部が長くなりキツネ顔になったのである．

〈立体視〉

樹上生活で必要な機能に立体視（立体的に物を見る能力．距離感ともいう）がある．把握機能があったとしても，枝までの距離を測り間違えば空振りして墜落死する．事実，ニホンザルの0歳児はよく墜落死する．距離を測るためには二つの眼で対象物を見る必要がある．一つの眼で物を見る単眼視では，網膜に映る像は写真に写ったのと等しい情報しかなく，重なりぐあいや大小関係で前後関係を想像するしかない．二つの眼で対象物を見た場合（双眼視あるいは両眼視：binocular vision），左右網膜からの情報は視差により異なったものとなる．これを脳内で調整し，現実にはない映像を立体的に脳内につくりあげる．これが立体視（stereoscopic vision）である．そのために霊長類では両眼が顔面前方に並んで位置し，退化した鼻を挟む形となった．霊長類では幼児のうちに，この立体視の能力を鍛える必要がある．脳での立体視のプログラムを眼球運動や網膜像と合わせて調整しつつ，手足での把握という運動系とも協調させなければならないからである．ちなみに，遠近方向に対象物が動かないテレビやコンピューターゲームなどは，脳での立体視プログラムをつくらせない道具ともなり得る．霊長類，とくに人類が彫刻など立体的なものを楽しむ進化的生理的基盤が，この立体視能力にあるといえる．

霊長類と被子植物の共進化

被子植物の果実は，霊長類の主要な食物である．被子植物は，花での受粉は昆虫など虫たちにゆだね（虫媒花），種子の散布は霊長類や鳥類にゆだねるという，動物との共進化の結果として，現在，広く適応放散している．種子のまわりを，霊長類という哺乳類が好む甘い果肉でおおい，この果肉を食べさせ，種子を遠くに撒き散らしてもらえれば被子植物としては成功である．そのために霊長類（哺乳類）のもっとも好む母乳の味に似せた甘味をもつ果肉をつくり出したのである．動物のつくるブドウ糖（glucose）を模倣した果糖（fructose）も十分に効果を発

揮した．

〈被子植物の毒と苦味〉

　果肉を適当にかじり（そのため多量の果実をつけ），樹上から，できれば移動して分布域を広げながら散布してもらえればよいのだが，種子までかじって壊しては困る．被子植物は，これを防ぐために種皮に主に苦味のある毒を入れた．霊長類が種子をかじって毒の味を感じ，下痢をして，種子をかじってはいけないと学習してくれればよいのである．裸子植物とは異なり，被子植物の種皮には，強弱のいかんにかかわらず毒がつけられている．裸子植物のマツの実などはそのまま食べられるが，たとえば，被子植物のウメの種皮には青酸化合物の猛毒がつけられている．霊長類はこれに対して，舌の奥に苦味を感じると吐き出すという，苦味の獲得と嘔吐反射を獲得した．これが霊長目と被子植物との共進化である．舌の奥で苦味を感じるのは，奥歯で種子をかじったあとに苦味を感じなければならないからである．舌の先では意味がない．

〈果実の色と色彩視〉

　被子植物としては，種子が完成しないうちに果肉だけかじられたのでは意味がない．種子が熟さないうちは，果肉に甘味をつけず，腐った味として嫌われる酸味や苦味を果肉につけ，また果皮の色でも熟しぐあいを示すことにした．霊長類と鳥類は，これを判断するために色彩視を発達させた．嗅覚が退化した霊長類（および体を軽くするために嗅覚も退化させた鳥類）は，こうして被子植物との共進化関係から高い色彩視能力を手に入れたのである．霊長類とりわけ人類が，色を楽しみ，絵画を好むことには，こうした進化的生理的背景がある．換言すれば，霊長目と鳥綱は色彩世界を楽しむという共通の世界をもっているといえる．

　被子植物の果実といっても，花木の果実だけではない．草本科の被子植物であるイネなども果肉のやせた痩果であり，キュウリやトマトなどの液果，モモやサクランボなどの核果，落花生などの乾果などもすべて果実であり，霊長目の食物としての被子植物の果実との関係は，霊長類そして人類の食性を考えるうえで重要である．

霊長類のコミュニケーション

　霊長類は樹上にいるため，他の個体がどこにいるか枝や葉に隠れて見えないこ

とが多い．当然，音声による確認に頼ることになる．しかし，枝や幹に反射して音源の位置が特定できないことも多い．地上性の哺乳類のラッパ形の耳介は動かすことにより音源の位置を探る集音装置であるが，霊長目は放物面型の耳介で音を増幅してとらえ，その内容を判別して情報としている．聴覚が大きく進化したのである．そのため，音声の種類を増やすことになり，これが音声言語の獲得へとつながっていった．換言すれば，霊長目は全動物中もっとも「おしゃべり」な動物であり（他にはやはり樹上生活の鳥綱と水中音波を駆使する鯨目がいる），これがさらに個体間関係を緊密にするのに役立った．

また樹上では，仲間とはぐれたときなど，大きな声を出すことが身の安全にもつながる．地上ではこうした危機的状況で声を出すことは捕食者に居場所を教えてしまい危険である．そのため，地上性動物は危険な状況では鳴かないでじっとしていることが多いが，霊長類は仲間を求めて泣き叫ぶのである．人間が危機的状況で泣き叫ぶのも，赤ん坊が保護を求めて泣くのも，この延長線上のことである．

霊長類の運動性

音声言語のほかに，さらに霊長類は，「表情言語」と「身振り手振り言語 (gesture)」を進化させた．そして，これを道具に，さらに個体間関係を密にした．密な個体間関係は高い社会性を生み出す．個体間関係を確認するための挨拶行動も，霊長類では一段と進化したものになっている．とくに人類では，挨拶行動は儀式化され，個体間関係や社会性を支える基本的行動である．

また，仲間を探すためには地上の動物のように自分の水平周囲を見渡せばよいわけではなくなった．上下にも眼を向けられるよう，頭部と頸部の関節可動域が増大し，きょろきょろとまわりを見渡せる高い頭部の可動性を手に入れた．きょろきょろと頭部や眼球を動かすだけでなく，体自体も他の動物に見られないようさまざまな体位（position：重力方向と体幹部との関係）と構え（attitude：各骨同士の相互関係）を組み合せた姿勢（posture）をとって周囲の情報を得るのである．これが，人類の体操競技など高い身体運動能力を好む傾向のもととなっている．

樹上では，果実の食べ残しをどこに捨てても，糞尿をどこでしても変わりはな

い．地上ではこうした情報は捕食者に居場所を教えることになるので，地上性の動物は糞尿をする場所を決めていたりするが，霊長類は所かまわず行い，糞便の場所を躾けることは困難である．また，これは，人間のごみ捨て行動につながっているが，霊長類レベルの行動といえる．

そして，これらを支える大脳と小脳の進化が霊長類の特徴である．

2.7 ヒト科の進化と特徴

中新世のサンブルピテクス（*Samburupithecus*：ca950万年前，ca95 m）からゴリラとチンパンジー2種が分岐した残りの群が，人類（ヒト科）である．ヒト科の成立過程をヒト化（ホミニゼーション：Hominization）という．これに対して，種としてのサピエンスの成立過程をサピエンス化（サピエンティゼーション：sapientisation）とする考え方があるが，サピエンスの定義についてはさまざまな意見があり，断定できない．

図2.7に，サンブルピテクスを含めた化石人類の名称，年代，発見地の概略を示す．

現在（2010年2月）知られている最古の人類は，チャドで発見されたca700万年前のサヘラントロプス・チャデンシス（*Sahelanthropus tchadensis*）である．ca700万年前とは，100 m競争のゴールから見て，スタートから30 mを過ぎた地点である．人類は，それから鮮新世末（ca180万年前，ca18 m）までアフリカで暑熱環境に適応しながらホモ属にまで進化し，ca180万年前，第四紀の始まり（表2.5に示すように，ca200万年前の地球の寒冷化に続く本格的な氷河期の始まり）の時期，ホモ・エレクトゥス（*Homo erectus*）の段階でアフリカを出て，より寒いアジア・ヨーロッパ大陸に放散していった．これを「出アフリカ」という．アフリカに残っていた人類は，さらに進化を続け，ホモ・ハイデルベルゲンシス（*Homo heidelbergensis*）やホモ・ローデシエンシス（*Homo rhodesiensis*）を経てホモ・サピエンス・イダルトゥ（*Homo sapiens idartu*）へと進化した．

氷河期（glacial age）については，コラムと表2.5を参照してほしい．なお，氷河期は長短さまざまの周期的な地球温度の変化であり，現在では第1，第2氷河期などという番号表記のとらえ方をしてはいないが，表では古典的な番号表記

第2章 進化過程とヒトの特性

第三紀		第四紀	
中新世	鮮新世	更新世	完新世
Samburupithecus kiptalami（9.5 M）			ゴリラ，チンパンジー
Sahelanthropus chadensis（7 M，チャド）			
Orrorin tugenensis（6〜5.7 M，ケニア）			
Ardipithecus ramidus kadabba（5.8〜5.2 M，エチオピア）			
Ardipithecus ramidus（4.4 M，エチオピア）			
Australopithecus anamensis（4 M，ケニア）			
Australopithecus afarensis（3.8〜3 M，エチオピア・タンザニア）			
Kenyanthropus platyopus（3.5〜3.0 M，ケニア）			
Member5（3.33 M，南アフリカ）			
アフリカでの人類進化 *Australopithecus garhi*（2.5 M，エチオピア）			
Homo habilis（2.5〜1.6 M，東アフリカ）			
Homo rudolfensis（2.5〜1.9 M，東アフリカ）			
Homo ergaster（1,8〜1.5 M，東アフリカ）			
アフリカの *Homo erectus*（97〜90万年）			
アフリカの *Homo heidelbergensis*（50〜15万年）			
Homo rhodesiensis（50〜15万年，アフリカ）			
Homo sapiens idartu（16万年，エチオピア）			
出アフリカ（180万年・20万年）			
Homo georgicus（1.8〜1.7 M，グルジア・ドマニシ）			
アジア・ヨーロッパの *Homo erctus*（1.8 M〜20万年）			
Homo cepranensis（90〜80万年，イタリア・ローマ）			
Homo antecessor（86〜78万年，スペイン）			
Homo neanderthalensis（20〜3万年）			
Homo sapiens（3万年〜現在）			
アフリカでの絶滅群			
Australopithecus bahrelghazali（3.5〜3.0 M，チャド）			
Australopithecus africanus（2.9〜2.3 M，南アフリカ）			
Australopithecus aethiopicus（*Paranthropus a.*，2.7〜2.3 M，東アフリカ）			
Paranthropus boisei（2.2〜1.2 M，東アフリカ：絶滅）			
Paranthropus robustus（2.1〜1.5 M，南アフリカ：絶滅）			

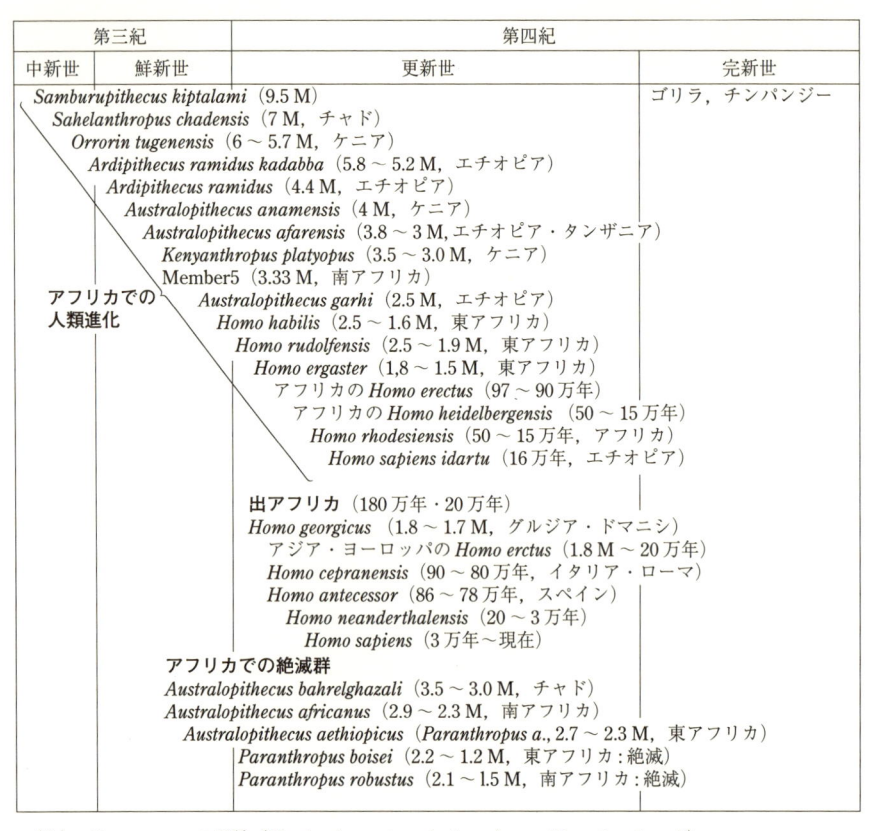

（注） *Homo erectus* の亜種（*H.e, lantianensis, paleojavanicus, pekinensis, soloensis*）

図 2.7 ヒト科の進化（M は 100 万年前を意味する）

表 2.5 氷河期と大雨期

ca200〜180万年前	ca100〜80万年前	ca50〜40万年前	ca20〜15万年前	ca10万年前	ca7〜1.1万年前
ドナウ寒冷期	第1氷河期	第2氷河期	第3氷河期	パール寒冷期	第4氷河期
	ギュンツ氷河期	ミンデル氷河期	リス氷河期		ヴュルム氷河期
	カゲラン大雨期	カマシアン大雨期	カンジェラン大雨期		カラブリアン大雨期

を踏襲した．

ホモ属になる前のアフリカの人類には，ca600万年前のミレニアム・アンセスター（Millenium ancester）と呼ばれたオロリン属（*Orrorin*），アルディピテクス属（*Ardipithecus*）などがおり，アウストラロピテクス属（*Australopithecus*）

---コラム---

氷河期

　氷河期の成因については，地球の形と自転速度，そして太陽からの距離の変化（公転軌道が楕円のため）が関係している．地球は自転しているため，遠心力により赤道半径（6 378 km）のほうが極半径（6 356 km）よりも長い．また，地球の自転軸は公転軌道面に対して 23.4 度傾いているために中緯度地方では季節の変化が起きる．地球の自転速度（公転速度も）は宇宙空間での摩擦のために次第に低下してきて，地球回転軸の歳差運動（precession）が起き始めた．歳差運動とは，コマの回転が遅くなったときに生ずる（下向き円錐状の）軸の回転運動である．地球の公転を無視してその場で自転していると考えると，北極側が自転しながら大きく円運動をするわけである．歳差運動の周期は ca26000 年であるので，現在地軸の北上方に北極星があるが，ca13000 年後には琴座 α 星（ベガ）が北を指す星となる．その頃全天は（地球の自転に合わせて）ベガを中心に回転するように見えるわけである．さて，この歳差運動に，ca200 万年前（ca20 m）から摂動運動（perturbation）が加わった．摂動運動とは，地球の回転軸が歳差運動しながらさらに上下に小さく振動することをいう．地球の公転を無視してその場で自転していると考えると，北極側が大きく円運動をしながら上下に小さく揺れるのである．地球は遠心力により回転楕円体となっているため，回転軸が上向きに（23.4 度より小さく）なると太陽から受ける電磁波の総量は少なくなり，地球は冷える．これらが氷河期の成因である．

　また，中緯度地方が大きく氷河におおわれている時期（表 2.5 の氷河期に対応する時期）は，海以外の氷河面からも水分蒸散するため，赤道周辺では高湿度の風が吹き大雨期（pluvial age）をもたらした．

　氷河の最盛期には巨大な石が氷河末端に押されて平野部に達し，氷河が衰退すると氷堆石（moraine）としてそこに残る．後世の人々がこれを洪水によるものとして説明し，洪水による地形変化のある時期の地層を洪積世（diluvium）とし，現在の河川すなわち最終氷河期（ca11000 年前）以後の河川の浸食により堆積した地層を沖積世（alluvium），この侵食地形を沖積平野（alluvial plain）などとした．世界各地の神話に残る洪水伝説は，赤道周辺の大雨期に取材したものか，あるいは氷河の作用を洪水によるものとしたものであろうか．

　氷河期は，スイスの地質学者でもあり登山家でもあるアガシー（Jean Louis R. Agassiz）により発見された．アガシーは，スイスアルプスの氷河の研究から氷河期を 4 期に整理した．表 2.5 にはこの 4 期を示す．なお，アガシーらは，氷河侵食谷の段丘構成，湖沼堆積物の縞粘土の形成（氷河最盛期と衰退期で氷河により削られる細かな砂粒 silt の構成が異なるため縞状となる），年輪による古環境復元，氷堆石の分布などにより，氷河期の存在を示した．

　なお，地球が回転楕円体であることを計算したのはニュートンであり，ニュートンは地球を水の塊りとして計算し，遠心力によりこの形となることを示した．これを実際に計測し確認したのはアポロ 12 号であり，ニュートンの計算はほぼ正確な値であることが証明された．換言すれば，地球は流体と考えてよく，これが流体地球物理学の基礎となっている．ちなみに，地球物理学は，他に個体地球物理学と電磁気地球物理学の分野に分けられている．

第2章　進化過程とヒトの特性

コラム

猿人の分類

　ca290～250万年前，南アフリカにいたアウストラロピテクス・アフリカヌス（アフリカヌス猿人）のことを「華奢型猿人」，ca270～230万年前東アフリカにいたアウストラロピテクス・エチオピクス（エチオピクス猿人）と ca220～120万年前東アフリカにいたパラントロプス・ボイセイ（ボイセイ猿人）と ca210～150万年前南アフリカにいたパラントロプス・ロブストゥス（ロブストゥス猿人）を合わせて「頑丈型猿人」という．

コラム

タンザニア・ラエトリの猿人の足跡

　約375万年前のアファール猿人の残した足跡化石．父親・母親・子供の3人連れといわれることも多いが，歩幅の解析から，一番大きい個体は自然な歩行とはかなり異なる身長に比して小さな歩幅で一番小さい個体と歩幅をそろえて並んで歩き，二番目に大きい個体が一番大きい個体のあとから一番大きな個体の足跡を踏みながら（踵の位置を合わせながら）歩いていることがわかる．大きい個体の母性的行動はハンターであるはずの父親の行動とは思えず，二番目の個体の行動は母親的行動とは思えない．母親と二人の子供と考えるのが自然であると著者は考えている．

あるいはケニアピテクス属（*Kenyapithecus*）を経て，ホモ属へとつながっていった．パラントロプス属（*Paranthropus*）は絶滅した．諏訪元らの発見したアルディピテクス・ラミドゥスを「ラミドゥス猿人」，アウストラロピテクス・アナメンシスを「アナム猿人」，アウストラロピテクス・アファレンシスを「アファール猿人」などと呼ぶので，本書では，サヘラントロプス属からアウストラロピテクス属やパラントロプス属までを「猿人」としてまとめることにする．これに対して，ホモ・サピエンスを「新人」，ホモ・ネアンデルターレンシスを「旧人」，残りのホモ属を「原人」とする．しかし，これら進化段階を意図した呼称は便宜的なものである．

　なお，アルディピテクス・ラミドゥスの亜種であるカダッバ（*kadabba*）を，亜種でなく種として分けて，アルディピテクス・ラミドゥスとアルディピテクス・カダッバとする場合もある（表1.9では別種とした）．

アファール猿人の代表的な化石としては，スーダンのハダールで発見されほぼ全身骨格のそろっている猿人女性ルーシー（ca320万年前：ca32 m）と，タンザニアのラエトリで発見されたアファール猿人家族の足跡化石（ca375万年前）がある（コラムに書いたように，著者は，母親と2人の子供の足跡だと推測している）．

〈出アフリカ後〉

アフリカを出たホモ・エレクトゥスは，ニッチェを広げ，ヨーロッパ大陸やアジア大陸で各地のホモ・エレクトゥス（ジャワ原人や北京原人など）へと進化し，ホモ・ネアンデルターレンシスとホモ・サピエンスを生み出した．ホモ・ネアンダルターレンシスは絶滅した．

本書では人類進化のようすを漏れなく書くことは不可能なので，サピエンス種を，ネアンデルターレンシス亜種（旧人）とサピエンス亜種（新人）に分けるか，この2者を種で分け，ホモ・ネアンデルターレンシス（旧人）とホモ・サピエンス（新人）にするか，異なる意見があることを述べるにとどめる．

また，ca20万年前（ca2 m）のアフリカのホモ・サピエンスが世界各地に放散し，先住していたサピエンスと入れ替わったとするミトコンドリア・イブ仮説（ミトコンドリアDNAの解析に基づき，現生の人類がアフリカの一女性にたどり着くとする単一起源説）が定説となりつつある．しかし，ca180万年前からca20万年前までの間（160万年間：16 m）にわたって，低日照かつ極寒冷の環境であるヨーロッパやアジアの高緯度地方にまで適応した先住者たちをそう簡単に駆逐できたのかどうか，疑問は残る．それぞれの地域で環境に適応して分化してきたのが現生人類なのではないか．この考え方を単一起源説に対して多地域進化説という．

以上がヒト科の進化過程のあらましである．

ヒト科の基本的特徴

次に，このヒト科（人類）の特徴を見てゆく．これには人類誕生の土地のようす（地勢）が鍵をにぎっている．

ca1000万年前（ca100 m），アフリカ東部を南北に縦断してマグマがスポット状に湧き上がり地殻を押し分け始めた．アポロ12号により，この hot spot は確

第2章 進化過程とヒトの特性

認された．グレートリフトヴァレー（great lift valley）と呼ばれるこの地殻変動により，アフリカ東部は東西に地勢が分けられ，西は豊かな熱帯多雨林帯，東は大型食肉獣のニッチェであるサバンナとなった．ca700万年前に誕生した人類は，比較的安全な熱帯多雨林帯から，グレートリフトヴァレー（great lift valley）を経てサバンナへと進出した．これと並行して人類は直立二足という体制（body system）を獲得した．

〈直立の契機〉

人類がどのような契機で直立姿勢をとるようになったか，さまざまな仮説が出されている．視野を確保するため，運搬に手を使用するため，道具使用のため，捕食者に対する集団での二足直立による威嚇のため，直射日光をできるだけ避けるため，などなどである．筆者は，これに加え尾をなくしたことによる骨盤の回

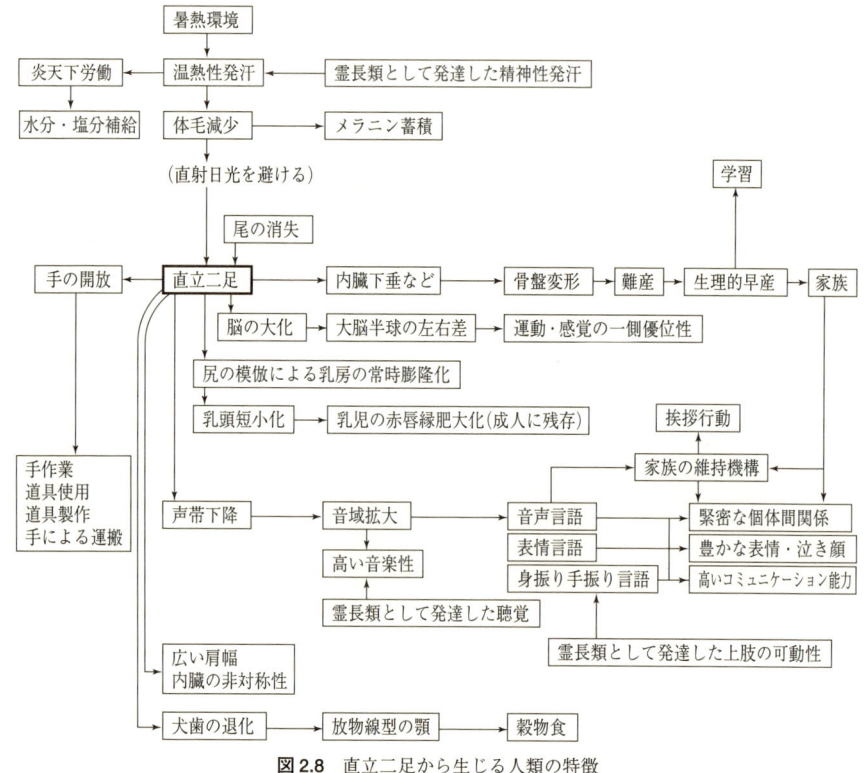

図2.8 直立二足から生じる人類の特徴

転なども前適応として大きく影響していると想像している．

〈直立二足の体制〉

契機はともかく，初期人類が体幹部を直立させ（体幹直立），直立二足性（erect-bipedalism）という体制を獲得したことから，人類らしさのすべてが生じた．体幹部を直立させるということは二足になることであり（二足性：bipedality），その状態でのロコモーションが二足歩行（bipedal-walking）である．しかし，初期の二足歩行は，歩幅の長い安定した歩行ではなく，胸を反りながら体幹部をやや前傾した小走りに近いものであっただろう．直立の定義については第5章に示す．

体幹部が直立したことで，内臓の重さはそれまでの背腹方向ではなく頭尾方向にかかることになった．横向きの脊柱にぶら下がる形で支えられていた内臓は，直立した脊柱からぶら下がることになった．当然，内臓下垂が常態化した．脱腸，脱肛，立ちくらみ（脳貧血：赤血球の病気である貧血とは異なる）や下肢のむくみなどは，内臓や体液が重力方向へ絶えず引かれる結果として生じてきた．内臓の重さの受け皿である骨盤は，出産孔や肛門など排泄孔が開いているため，骨盤底を閉じることはできない．そこで骨盤は，上部（腸骨上部）を広げて内臓の重さを受け，下部を下すぼまりになるよう大きく変形したのである．骨盤の底にある筋（会陰横筋など）は日常的に収縮していなければならなくなり，毛細血管網を発達（進化）させた．座るときはここに体重をかけるわけであり，血行は悪くなる．結果として生じる痔も体幹部直立がもたらすものである．

〈難産〉

体幹部直立に伴って，産道は上から押し潰され，曲がりくねった形となった．出産時に，胎児は回旋運動をしながら産道を降りてこなければならず，また坐骨で狭められた出産孔を出なければならなくなった．人類はその結果として難産になった．難産の程度は，猿人など初期人類よりも脳容積を拡大していった（したがって頭の大きな胎児を産む）原人以降の人類のほうが大きかったと想像される．

〈生理的早産〉

人類は，この難産を二つの方法で解決した．一つは，出産時に少しでも出産口を広げるために骨盤を構成する骨の関節をはずして出産口を広げるのである．骨盤は左右の寛骨（腸骨・坐骨・恥骨が融合した骨）が仙骨を挟む構成をしている

が，臨月の産婦の骨盤では，寛骨と仙骨との耳状関節と恥骨結合がはずれてくる．出産後に，はずれた部位がもとに戻るまで，骨盤には力を加えないほうがよく，産褥期（「褥」は赤ん坊と共に寝る「しとね」の意味）として妊婦を休める習慣が世界中にある．もう一つの解決法は，胎児が大きくならないうちに産み出してしまうことである．これを臨床的な早産と区別して生理的早産という．人類はみな，かなり未熟な段階で出産されることになった．現在のホモ・サピエンスでは，1年もしないと歩けないしコミュニケーションもとれない．有袋類を除いて，こんな未熟な段階で生み出される胎児は人類以外に存在しない．ゼロ歳児の段階を子宮外胎児ともいう．しかし，これら二つの解決法を手に入れたとはいえ，多くの猿人たちが難産の末に命を落としたのではないかと想像される．人類にとって出産は，他の動物以上に妊婦の命をかけた大仕事であり，人類の深い母子関係の元となる進化的背景をもっているのである．

家族の誕生

難産の母親と未熟児の子供の生活力（生存活動能力の略）は低い．人類は適応戦略（adaptive tactics）として，生物学的配偶者のオスにこの母子を守らせるために家族という群れをつくった．このオスに，父親としての役目をもたせたのである．父親の役目は，家族の安全を守ること，餌の調達と確保，情報の収集である．これが家族を生み出すもととなった父親の性的分業の内容である．家族という群れは，家族を単位とする他の上位の群れ（村など：これをバンドband という）の単位となるので，基本的家族（fundamental family）あるいは核家族（nuclear family）と呼ばれる．

〈家族の維持〉

家族は，成人のオスと成人のメスと未熟な子供という生理的要求内容の異なる3者で構成される．母子の関係は，哺乳類レベル，霊長類レベル，そして人類レベルと強まってきた強固な関係でつながれているが，父親と母親，父親と子供の絆を強固にする機構がなければ，家族という群れは維持できない．この家族の維持機構が，音声言語・表情言語・身振り手振り言語を用いた高いコミュニケーション能力である．

また，性による家族の維持も指摘されている．ヴィックラー（W. Wickler）は

人類の常時膨隆した乳房は尻の模倣であるとし，メスのオスに対する性的アピールであるとした．霊長類にはこうした自己擬態の例がいくつか知られている．ヒヒ類の尻様胸部やマンドリルのオスの男根様鼻部である．これらは個体間の緊張緩和などに役立っていると考えられている．乳房の常時膨隆化と同時に，乳首が短小化した．乳児にとっては吸いにくい短い乳首となったのである．他の霊長類では乳首が長く，乳児は顔をあちらこちらに向けながら乳を飲むことができる．しかし，ヒトの乳首は短く丸く，また乳房は張りすぎて乳児が顔を動かすとはずれてしまう．乳児は唇部に分厚く肥厚した赤唇縁（せきしんえん）という乳首保持装置を進化させた．人類では赤唇縁は成人になっても残存している．また，授乳中に鼻孔が乳房に押し潰されて呼吸ができなくなるのを防ぐため，鼻翼部（びよく）に乳児期だけ軟骨を形成するようになった．この時期の乳児の鼻翼は，この軟骨のため，つまんでもつぶすことができないほど硬い．これらも人類固有の特徴である．

人類のコミュニケーション

体幹部を直立させた際，声帯（vocal cords）の位置がそのままだと下顎が開かない．頸部が頭骨の後ろではなく，下にまわりこむ形となったために生じたことである．人類は，これを，声帯を下げること（声帯下降）で解決した．声帯が下降すると，声帯から上部の喉頭部・口腔・鼻腔など共鳴部が長くなり，声は低音化する．低音が出せるということは，倍音の高音も出せることになり，音域が拡大した．音域拡大は，音声言語の種類を増やし（音声言語の拡大），さらに高いコミュニケーション能力へとつながった．

表情言語や身振り手振り言語と合わせて音声言語を用いることにより，人類は個体間関係を全動物中もっとも緊密にする生物となった．「緊密な個体間関係」は「他人を気にする」ことにつながる．噂も大好きな生物である．もともと家族の維持のために進化してきたコミュニケーション能力であるから，他の個体を気にかけて友好な関係を保ちたいというのが人類共通の心情となった．そう進化してきたのである．だから，友達ができるとうれしいのである．これが裏目に出ると，嫉妬心など攻撃的な心理となる．

〈競争と攻撃性〉

チンパンジーと共通の高い社会性をもつ人類は，群れ（band）のなかで地位

を高めたいという上昇志向がある．他人を気にする人類は，強い競争意識と嫉妬心，強い攻撃性や復讐心など，「友好な関係を保ちたいという緊密な個体間関係」を望む心情と表裏一体の心情にとらわれることになった．

〈人類のコミュニケーション能力と文化〉

音域の拡大は，霊長類の特徴である聴覚の進化と合わせて，人類の高い音楽性へとつながっていった．楽器をかなで，歌をうたう人類の進化的背景には，直立二足の体制が関係しているのである．表情言語や身振り手振り言語を深めた話術や演劇や舞踏もさまざまな内容を伝える表現であり，人類の生活を彩っている．

学習

人類のゼロ歳児は，他の哺乳類と異なり，哺乳類として基本的な快・不快の表情をつくるための脳のなかでの神経回路すら完成せずに生み出されたとも推測される．ゼロ歳児は，子宮外の環境で外界からの刺激を受けて脳内のシナプス（神経と神経の連絡）をつなげてゆく．ただ刺激を受けるだけではない，自分の行動との関係においてどういう結果になるかという反復練習を繰り返しながら神経回路を構築してゆくのである．人類はこうして生涯にわたってシナプスをつくり続ける脳を手に入れた．これが学習であり，生涯にわたってシナプスをつくり続けることができるのが人類の脳である．生涯学習できる脳なのである．

〈表情〉

学習は表情にかぎらないが，表情の獲得の場合，生理的早産の未熟児は，母親の表情を見てそれを繰り返し（母親が笑いかけると子供は笑う），表情を学習する．父親の表情はあまり学習対象にはなっていないといわれている．母親の表情はこうして生理的基盤をもって文化的に子供に受け継がれるのである．初期猿人も，こうして豊かな表情をつくりながら緊密な個体間関係をつくりあげていったのであろう．表情以外のことについても，こうして学習してゆくのである．

また，人類は眼裂（眼の裂け目）を横に広げて黒目の左右に白目が見えるようにした．これは（ハスキー犬など一部の動物を除いて）人類特有である．これにより，視線がコミュニケーションとしての意味をもってきた．父親の獲得してきた食料を家族が向かい合って食べ（人類独特の食事行動である），さらに絆を深める．こうした習性が仲良くなるために食事を共にする文化へと発展した．

精神性発汗

初期人類のニッチェはサバンナであった．そこには，スミロドン（現在のライオンの祖先）などの大きな牙をもつ食肉獣がいた．初期人類は，この暑熱環境下で，日中活動をするというニッチェをとり適応戦略とした．食肉獣が休み，餌となる草食獣なども日陰で体力の消耗を少なくしようとする炎熱下で，人類は霊長類として獲得してきた小汗腺を全身に分布させ，全身で発汗するようにしたのである．当初，緊張した際に発汗する精神性発汗（mental perspiration）であったものを，暑さに対して発汗する温熱性発汗（thermal perspiration）へと進化させて，発汗による気化熱を武器に，暑熱環境というニッチェを人類にのみ有利なニッチェへと変えたのである．温熱性発汗の契機は，暑熱環境である．

そして，初期人類は，温熱性発汗の効率を上げるために体毛を少なくしたと推測される．体毛の減少は皮膚をむき出しにする．そこに直射日光があたるわけであるから，できるだけ光線のあたらない姿勢が有利であろう．直立二足の成因の一つは，この温熱性発汗でもあったのではなかろうか．図 2.8 では，これも直立二足の成因として示している（発汗については 87 ページも参照）．

赤外線と紫外線よけとしてのメラニンと発汗能力

メラニンの蓄積も体毛の減少から生じる事柄である．初期人類すなわち猿人たちは，現在のアフリカンブラックほど優秀な暑熱環境適応者ではなかったにしても，頭髪・虹彩・表皮にはメラニンが蓄積した初期黒人であっただろう．後述するが，アフリカンブラックの渦状毛（渦巻状の短い毛）は，多量のメラニンにより紫外線と赤外線を吸収し，紫外線による細胞の癌化と赤外線による体温上昇を防ぐと同時に，汗を渦巻状の毛の間に毛細管現象でゆきわたらせて発汗する冷却装置でもある．渦状毛内部の空気は気化熱を奪われて温度が下がり，頭皮を涼しく冷やすことになるのである．アフリカンブラックは，この小さく涼しい帽子を頭一面にかぶっているのである．初期猿人たちの頭髪の化石は知られていないが，渦状毛をした猿人たちを想像するのは無理ではないと思う．

〈発汗と人類の価値観〉

初期人類は，こうして暑熱環境への適応能力を高めながら，最初は，他の食肉獣の獲物の残りを炎天下に拾い集める「腐肉あさり：スカベンジャー（scav-

第2章　進化過程とヒトの特性

コラム

塩分

　人類は，食事の中にもっとも多くの塩分を入れる動物である．人類と同じ食べ物を食べているペットの多くが，塩分のとりすぎで高血圧などにかかっている．とくに，ネコ科の動物は尿を濃縮するタイプであり，塩分をとりすぎ腎臓病になった多くのネコが獣医のところに運ばれてくる．

---

enger)」であったと考えられている．その後，ハンターとして，さらにこのニッチェを活かし，炎天下で汗を流しながら，暑さに弱い動物を追いかけて倒すハンティングへ変えていったと考えられている．「汗水流して働く」ことは，人類にとって価値あることなのである．マラソンなども，他の動物にとっては自殺行為に等しい競技であるが，発汗能力をもつ人類特有の生理的能力を競う競技なのである．

〈発汗と行動〉

　人類の発汗能力はきわめて高く，そのために奪われる水分と塩分（塩化ナトリウム：Nacl）を絶えず補給する必要がある．人類は，全動物中でもっとも水分を必要とする，すなわちしょっちゅう水やお茶を飲む動物である．これは生活のなかで重要な部分を占め，一緒にお茶を飲むことが個体間関係を強める意味をもったりもする．お茶を飲むことは世界中で習慣化され，お茶の種類も多いが，初期猿人たちも，汗をかいて獲物を仕留めたあと，みなで木陰で水分補給をしながら談笑したのかもしれない．

〈発汗と味覚〉

　水分の補給と同時に，塩分の補給も大切である．人類はこのために塩味に敏感となった．哺乳類として安全な母乳の甘味と腐敗味の酸味を手に入れ（ca1.5億年前，ca1.5 km），霊長類として果実をもつ木との共進化で苦味を手に入れ（ca6000万年前，ca600 m），人類としての発汗能力の延長線上で塩味を鋭敏にした（ca700〜600万年前，ca70〜60 m）のである．こうして基本味4種を鋭敏に神経感覚（sensation）として感じとれる舌を手に入れた．感覚（sensation）を総合して脳で感じる知覚（perception），さらに記憶などを加える認知（apperception）としての味を楽しむ人類の進化的背景は，ca1.5億年の長さがあるとい

えよう．古代文明の発祥地はすべて大河のほとりであるが，これは水分確保だけではなく，いずれも岩塩の産地や海水からの塩分供給が可能な場所となっている．

人類としての手，脳，体型，歯
〈手〉

　直立二足により，上肢は体支持機能やロコモーションから開放された．換言すれば，下肢は体支持やロコモーションを一手に引き受け，下肢筋は上肢筋より強大となり，把握性を失い，可動域を狭めた．手の開放によって，手作業や道具の使用や手による運搬が生じた．手による運搬から直立二足が獲得されたのか，あるいは直立二足から手による運搬が生じたのか，どちらの可能性もある，あるいは同時進行的に起きた可能性もあるといえる．しかし，この開放された手が生み出したさまざまな道具や芸術品あるいは生活用具は，われわれ人類の生活を大きくかつ豊かに変化させた．

〈脳〉

　直立姿勢は，脳の大化（大型化）を許すことにもなった．四足獣のように頭部が体幹の前方に突き出した形でついていると，脳が大化したときに項部の筋を太くして支えなければならないが，直立姿勢の場合，下から脳を支える形となり脳大化した場合，筋の負担は少なくてすむ．これが脳の大化を保証した．脳の大化とともに，機能分化が起き，脳の左右差が生じた．これが利き手・利き足あるいは利き目・利き耳など，運動と感覚，そして言語の一側優位性（laterality）を生み出したとも考えられる．脳の進化がヒトより下等な他の動物では，この一側優位性は顕著でない．ちなみに，田中伊知郎によるとニホンザルのノミ取り行動では，一側優位性は認められないという．

〈人類の体型〉

　二足直立歩行で歩行した場合，重い下肢に対抗して体幹部のバランスをとるためには，体の中心からできるだけ遠ざけてモーメントすなわち体幹部をねじる力（回転偶力）を釣り合わせなければならず，人類の肩幅は大きく左右に張ることになった．そのため，人類は胸郭を，それまでの左右から押し潰されたような形から前後方向（腹背方向）に押し潰されたような形に進化させた．また，その結

果，内臓は腹背方向に押し分けられ，一つしかない器官（不対性器官：心臓，肝臓，膵臓，脾臓など）は体の左右どちらかに大きく偏在することになった．多くの動物でもある程度は見られるが，人類で一層顕著な内臓の非対称性や広い肩幅も直立二足歩行からくる人類固有の特徴である．

〈人類の歯〉

人類の犬歯は退化し，咬合面（歯の咬み合せ面を連ねた面．現代人のなめらかな皿底のような咬合面の曲線をスピーの曲線という）から犬歯の先が出ないほどに小さくなった．犬歯の歯根も小さくなったために，顎が，犬歯の位置で大きく折れ曲がる U 字形の歯列から，なめらかに連続する放物線型歯列へと進化した．そのため，上顎と下顎を臼のように擦り合わせて草の実を擦りつぶすことができるようになれたのである．この食性が穀物食（crop eater）である．

以上が進化過程で得たヒト科（人類）の特性である．

第3章──適応のしくみと変異

構成 3.1 で体格・体型・体組成の意味，3.2 で産熱と放熱のしくみ，を理解したのち，暑熱環境（3.3），低日照および寒冷環境（3.4），四季の変化および寒冷環境への適応（3.5），のしくみを理解してゆく．3.3 以下は，それぞれ，アフリカにおいて初期猿人とその末裔が獲得した適応形質，出アフリカからヨーロッパ大陸へと進出した原人たちとその末裔が獲得した適応形質，出アフリカから東アジアへと進出した原人たちとその末裔が獲得した適応形質，に対応しており，またそれぞれ，アフリカンブラック（african black），ヨーロピアンコーカソイド（european caucasoid），アジアンモンゴロイド（asian mongoloid）という集団の特徴すなわち変異と対応している．

目的 適応放散を可能にした人体のしくみを，生理機能の観点から理解すること，これにより現在生きている世界中の人々の形質を適応という視点から見られるようになること，そしてその変異のなかに自分自身を位置づけられるようになること，また，自分自身を位置づけるのと同様に，自分以外の個体や集団を位置づけられるようになること，である．

到達目標 人体を産熱体および放熱体として見る見方を手に入れたうえで，アフリカンブラック，ヨーロピアンコーカソイド，アジアンモンゴロイドの各集団の特徴を理解し，それを演繹して，他の人類集団の適応能も理解できるようになること．そして，自分および他人の適応能力を実感をもって理解すること．

第3章　適応のしくみと変異

3.1　体格，体型，体組成

体格は，一般語としても広い概念で用いられているが（英語でも build, frame, make up, physique, figure などさまざまな概念と対応している），生理学的な内容としては，体を構成する細胞の量すなわち体質量（body mass）を意味している．体質量は通常，体重（body weight）などとして表されている．また，一般的に体格は，身長などの体サイズ（body size）に対応させられたりするが，きちんと体質量としておくべきである．体質量の単位が［kg］である（コラム参照）．

すなわち，体格が大きいとは，体質量が多いということを意味している．一般的に，細胞の大きさは変わらないので，体格が大きいということは，多くの細胞をもっていることを意味し，体組成（体の内部を構成している各組織の割合）が変わらなければ，体格が大きいということは産熱量（generated heat）が多いことを意味する．

体型（body proportion あるいは body shape）とは，身体各部の相対的割合すなわちプロポーションを意味している．

コラム

体重と質量

体重とは地面にかかる力である．力（F：force）は，ニュートンの運動の第2法則 $F = M\alpha$ の式で示されるように，質量（M：mass［kg］）と加速度（α：acceleration）の積であり，体重の場合は，α を地球の重力加速度（G：acceleration of gravity force $= 9.80$［m/s^2］）に置き換え $F = MG$ となる．ここでは，M, G を，メートル（m）やグラム（g）の単位との混同を避けるため大文字で示した．地球の周回軌道をまわる人工衛星内の微小重力環境では $G \fallingdotseq 0$ となるので，体重 $F \fallingdotseq 0$ となる．体重はゼロでも，その人を構成している物質の量がなくなっているわけではない．この量が質量であり，単位は［kg］である．体重の単位は［kg］ではなく力であるから，［kgm/s^2］あるいは［N：ニュートン］である．［kg・9.8m/s^2］を［kgw］で表す方法もある．さまざまな異重力環境が人類の生活空間となる状況であるので，体重を［kg］で表す習慣は廃止すべきである．

3.1 体格, 体型, 体組成

── コラム ──

体格示数

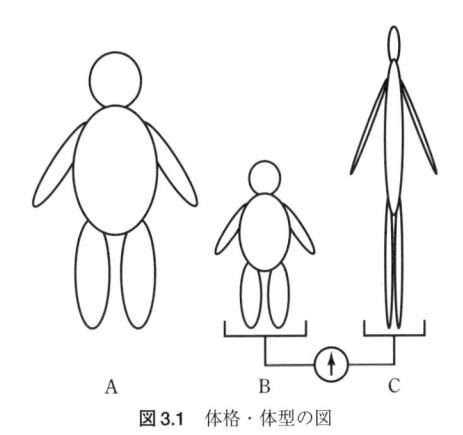

　身長と体重から，より一般的な意味での体格を示す示数（指数ではない）がつくられている．これらを体格示数という．比体重（あるいはケトレー示数：Quitelet index）は体重（kgw）を身長（cm）で割り100を掛けた数字であり，その人を身長と同じ高さの円柱にして1 cmの高さで輪切りにしたときの重さの意味をもつ．BMI（body mass index：あるいはカウプ示数 Kaup index）は重さ（kgw）を身長（cm）の2乗で割り1 000を掛けた数字であり，その人を身長を1辺とする正方形上に均一に広げたときの1cm^{2}当たりの重さの意味をもつ．ローレル示数（Rohrer index）は体重（kgw）を身長（cm）の3乗で割り10^7を掛けた数字であり，その人を身長を1辺とする立方体内に均一に広げたときの1 cm^{3}当たりの重さの意味をもつ．

図3.1 体格・体型の図

体格の違い──ベルクマンの法則

　図3.1のAとBは体型が等しく（すなわち相似形）体格が異なり，BとCは体型が異なるが体格は等しい（すなわち同じ体質量）とする．またA, B, Cとも，同じ体組成だとする．いまAとBの身長比を2：1だとすると，その体表面積比は4：1，体積比は8：1となる．すなわち，体質量比および産熱比も8：1となる．いま，体表面から同比率で放熱すると仮定すると，AとBでは産熱に対する放熱の比が8/4：1/1 ＝ 2：1となる．したがって平均放熱環境（generally heat loss environment）下では，体型が等しければ，体格の大きいほうが体温

保持に有利である．平均放熱環境下とは，ときには外部から熱を受けることもあるかもしれないが，年間などある期間を平均すると外部に熱を放出しているという環境である．地球上のほとんどの環境が，平均放熱環境である．しかし，平均受熱環境（generally heat gain environment）もある（後述）ことを忘れてはならない．

　ドイツの動物学者ベルクマン（C. Bergmann, 1847）は「同系統の哺乳類では寒冷地に行くに従って，同種内ではより体重の重い個体が多くなり，近縁種間ではより体サイズの大きい群が多くなる（簡略化すると，寒冷地にいくほど大型化する）」としてベルクマンの法則（Bergmann's rule）を提唱した．ほぼ同体型・同体組成の個体群が，平均放熱環境下では体格を大きくすることが有利である，と述べているのである．ベルクマンの法則に対しては，食虫類や齧歯類であてはまらないことが指摘されたり，ヘラジカやトナカイあるいはオオカミなどでもあてはまらないという指摘もされているが，体型の違いや，体組成や体毛の違い，また餌の量と質などが関係しているとも考えられる．ベルクマンの法則は多くの哺乳類であてはまる現象解（phenomenal solution）であり，前段落に示した考え方が理論解（theoretical solution）となる．この理論解は物理的に正しいものであるから（生物以外にも適用でき），ベルクマンの法則があてはまるかどうかは前述した前提（形の相似性や放熱率の等しさなど）の如何にかかわるわけである．

　現生の人類の分布を見る場合にも，ベルクマンの法則は比較的よくあてはまると考えてよい．これは，人類が体毛をなくしたことで放熱量が体表面積とよく相関するためではないかと考えられる．高緯度すなわち寒冷環境になるにつれ，ヨーロッパ大陸でもアジア大陸でも体格が大きくなっている．ヨーロピアンコーカソイドとアジアンモンゴロイドの違いについては後述するが，アメリカインディアンでもこの傾向のあることが知られている．したがって，平均放熱環境下にある熱帯降雨林（rain forest）のなかでは，逆に体格の小さいほうが有利であり，中央アフリカのピグミー（pygmy）や東南アジアのピグモイド（pygmoid）などもその例である．身長1m足らずのホモ・フロレシエンシス（ca1.8万年前：ca 18 cm）も，こうした理由から小さい体格であったのかもしれない．なお，平均放熱環境下ではなく平均受熱環境下では，後述するように，この関係が逆転す

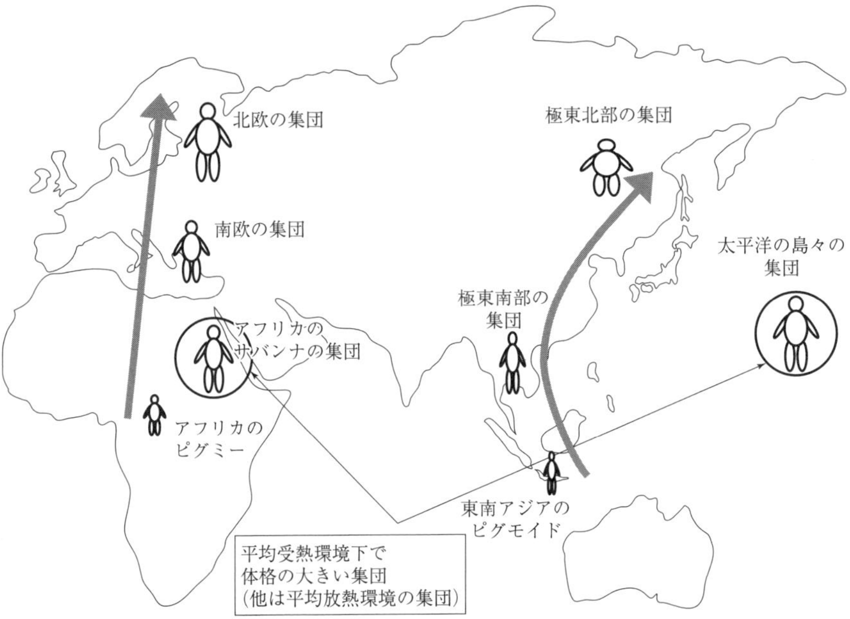
北欧の集団
極東北部の集団
南欧の集団
太平洋の島々の
集団
極東南部の
集団
アフリカの
サバンナの集団
アフリカの
ピグミー
東南アジアの
ピグモイド
平均受熱環境下で
体格の大きい集団
(他は平均放熱環境の集団)

図 3.2　世界人類の模式図

> **コラム**
>
> **ベルクマンの法則とアレンの法則**
>
> ベルクマンの法則が比較的よくあてはまるクマ科の体重について見ると，暖かい地方から，マレーグマ（ca50 kgw），ツキノワグマ（ca80～150 kgw），ヒグマ（ca150～250 kgw），アラスカグマ（ca200～300 kgw），北極グマ（ca350～750 kgw）などである．アレンの法則は，ウサギの耳介の大きさなどによく現れている．

る．

また，産熱が高くまた安定している恒温動物でなくとも，この理論解は当然適用される内容をもつ．進化過程においても，適応した系統が体大化してゆくのは，やはり体格の大きいほうが熱的に見て安定している（後述の熱容量が大きくなるため）からであり，成長してゆく過程で体大化してゆくのも熱的安定を求めることが基本的理由と考えられる．すなわち，温度環境が生物の体格を決める第一要因なのである．本書ではとりあげないが，生物のさまざまな形質が体質量の関数

第3章　適応のしくみと変異

<ベルクマンの法則>

北極グマ　　　　アラスカグマ　　　　ヒグマ　　　　　ツキノワグマ　　　マレーグマ
体重(350〜750 kgw)　(200〜300 kgw)　(150〜250 kgw)　(80〜150 kgw)　(50 kgw)

<アレンの法則>

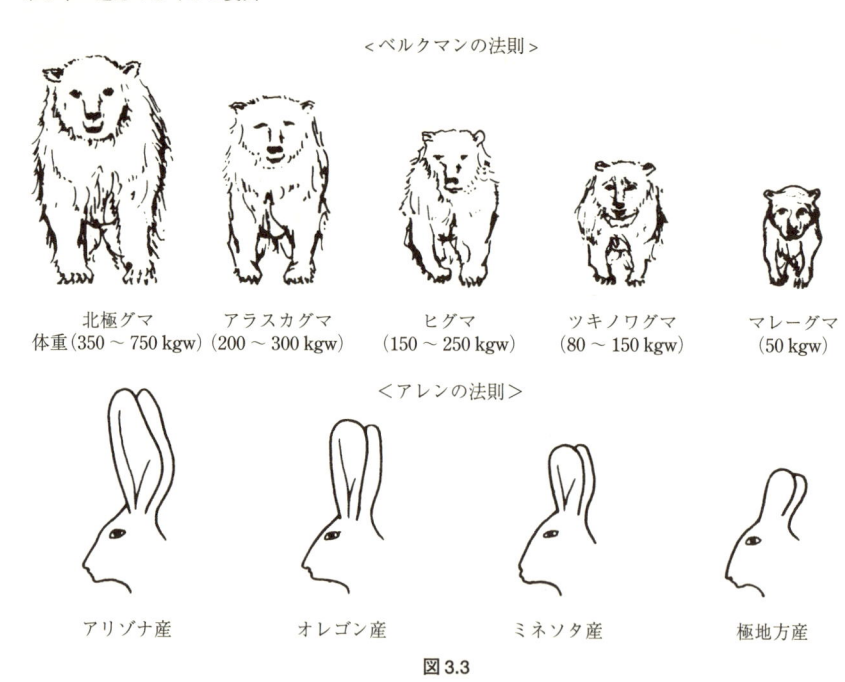

アリゾナ産　　　オレゴン産　　　　ミネソタ産　　　　極地方産

図 3.3

として表されるというシュミット・ニールセン（N. Schmidt Nielsen）のスケーリング理論（scaling theory）も，温度環境との関係でもっとも重要な体質量が他のさまざまな形質の規定要因になっていることを示している．

体型の違い——アレンの法則

図 3.1 に戻って，B と C は，同体格であるが体型が異なっている．B に比較して C が細身であるとすると，当然，C の身長は高くなる．しかし，産熱量は等しい．身長は，熱的には信頼できない項目である．人類を産熱放熱体としてみるとき，身長は体格の大きさをみるよい示標とはなっていない．身長に惑わされず体質量でみる目をもつことが重要である．さて，細身の C は B に比較して放熱面積が大きいため，放熱のためには有利である．アメリカの動物学者アレン（J. A. Allen, 1877）が，「同系統の恒温動物は寒冷地に行くに従って，耳介，吻部，頸部，四肢，尾，翼など突出物が小さくなる」として，アレンの法則（Allen's rule）を提唱したが，これも既述の理論解に照らしてみれば当然のことであろう．

この意味で，ベルクマンの法則とアレンの法則は同列に見るべきである．しかし，ベルクマンの法則に対しては批判が多く，アレンの法則に対して批判が少ない．

　アレンの法則も，現生の人類の分布を見る場合に比較的よくあてはまると考えてよい．アジアンモンゴロイドを見ても，より高緯度地方の者は身長に対して四肢が短く，より低緯度地方の者は身長に対して四肢が長い．

平均放熱環境と平均受熱環境での体格と体型の違い

　ここまでは，平均すると熱が奪われる平均放熱環境下での話であったが，逆に，平均すると熱を受ける平均受熱環境下ではどうなるであろうか．受熱環境とは，初期猿人が活躍したサバンナなど，熱帯の開けた場所で，ジリジリと日光に照らされて赤外線の電磁波エネルギーを受けて暑くなるような環境である（入浴などもその例）．熱帯の砂漠やサバンナ，太平洋の島々など，日差しを遮蔽するものが少ない環境である．

　図3.1に戻って，A，B，Cが平均受熱環境下にいたとする．AとBの体内の熱量（詳しくは後述するが，熱量＝質量×温度であり，その物体がもつ熱の総量の意味をもつ）の比は（同体温として）8：1となり，（熱伝導率も等しく，体表から均等に熱を受けると仮定すると）受熱する比は4：1であるから，Aは4の熱を受けて8を温めることになるが，Bは1の熱を受けて1を温めることになる．当然，AのほうがBに比較して温まりにくくなる．すなわち，Aのほうが熱中症にかからなくてすむ可能性が高い．温熱的な言葉でいえば，同体型であれば体格の大きいAのほうが体格の小さいBよりも熱的に安定であるといえる．生理的な言葉でいえば，体温を安定して維持しやすいといえる．したがって平均受熱環境下では，熱帯であっても体格が大きいほうが有利である．このため，現生人類の例としては，熱帯の砂漠やサバンナ，あるいは太平洋の島々などに体格の大きい人々がいるのである（図3.2）．

　次に，BとCとを比較してみる．BとCの体の熱量は同じであるが，受熱量はBに対してCのほうが多い．平均受熱環境下では同体格（すなわち同質量）であるならば，身長に対する四肢の割合などは小さいほうが有利である．しかし，この例にかぎっては，現生人類の現状にあてはまらない．受熱環境下では，体格を大きくすることで十分な効果が得られているということなのだろうか．日差し

（主として赤外線）により主として上方から熱を受けるという条件と，直立した人類の体制に関係することなのであろうか．いずれにしても，平均放熱環境下と平均受熱環境下では体格と体型の意味内容が異なるのである．

体組成

　体組成（body composition）とは，体を構成する器官や組織がどのような割合で含まれるかを意味している．とくに，これまでの説明で理解したように，産熱組織と非産熱組織の割合が問題となる．産熱組織の主なものは筋肉・肝臓，心臓（解剖学的には筋，肝，心）であり，非産熱組織としては脂肪，骨，神経組織などがある．産熱組織としての筋は作業性肥大により後天的に割合を増すことが可能であり，非産熱組織の脂肪も後天的に割合を増すことが可能である．

〈脂肪の役割と分布——レンシュの法則〉

　アジアンモンゴロイドは，北方にいくに従って体格が大きくなるが，非産熱組織としての脂肪の割合も増えてくる．脂肪組織に関しては，割合（体組成）の問題だけでなく，体内分布，とくに皮下脂肪としてどこにどれくらい蓄えているかが，体温調節上問題となる．脂肪は代謝したときのATP（エネルギー物質）産生量も代謝水の産生も代謝産熱も，糖質やタンパク質に比較して多く，エネルギー源としても水源としても熱源としても，蓄えておくことが有利である（第2章2.5の式を参照）．1gの脂質，糖質，タンパク質を代謝したときの産熱はそれぞれ約9 kcal，4 kcal，4 kcalであり，脂質は糖質やタンパク質を代謝したときより2倍以上のエネルギーと水と熱を産み出すことができるのである．脂肪は断熱性が高いため，皮下にあれば寒冷環境下では有利であるが，逆に，暑熱環境下では不利となる．そこで暑熱環境では，体内脂肪を（皮下に広く分布させずに）1か所に蓄えることが多く，ラクダのこぶ（hump）がそのよい例である．「恒温動物は，暑熱地にいくほど皮下脂肪を少ない箇所にまとめて蓄え，寒冷地にいくほど皮下に広げて蓄える」という内容を，レンシュの法則（Rensch's rule）という．人類の例については後述する．

　ちなみに，人類の女性は男性に比較して有意に多量の脂肪を蓄えている．エネルギー源，水源，熱源を大量に保持して（おそらく出産などに備えて）生きるのを有利にしているのである．他の動物に見られない性差である．

3.2 産熱と放熱のしくみ

産熱

変温動物は受動的な産熱体であり放熱体であるが，恒温動物は能動的な産熱体であり放熱体である．人類は，全動物中もっとも優秀な放熱体である．発汗能力が高いからである．

産熱（themogenesis）は，病気などで熱を出す発熱（fever）と区別して用い，細胞のミトコンドリア内でのTCA回路（tri-carbonic acid cycle）という化学反応の結果として産み出される熱をいう．

次式に，糖質1モル（ここではブドウ糖など代表的な6炭糖とした）を完全酸化したときの収支式を示す．

$$C_6H_{12}O_6 + 6O_2 \longrightarrow 6CO_2 + 6H_2O + 38ATP + 686\,\text{kcal} \quad (\text{pH7.0})$$
$$(180\,\text{g}) \quad (134.4\,l) \quad (134.4\,l) \quad (108\,\text{g})$$

ブドウ糖（glucose）1モルは180gであり，呼吸により取り入れた6モルの酸

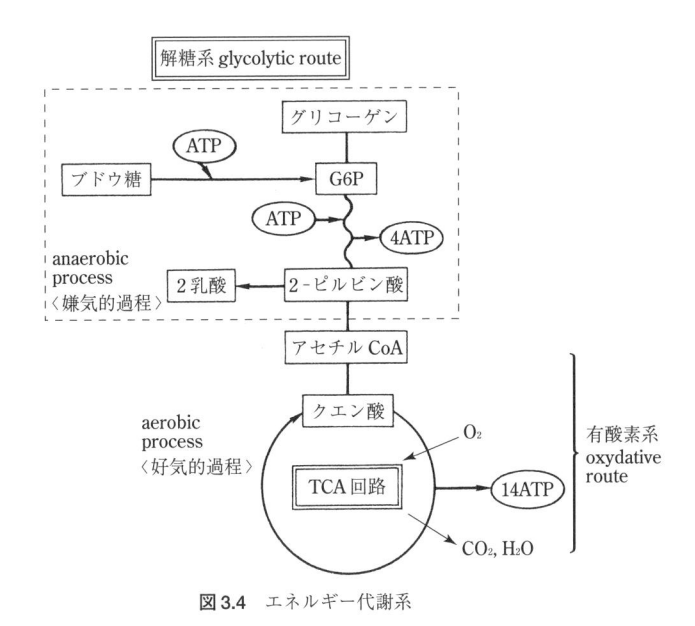

図3.4 エネルギー代謝系

素（標準状態すなわち 0℃，1 気圧で 22.4 × 6 = 134.4 l）で酸化され，6 モルの二酸化炭素と 6 モルの水（液体として 18 × 6 = 108 g）に化学的に分解される過程で，結合エネルギーを 38 個のエネルギー伝達物質である ATP（adenosine-tri-phosphate）と 686 kcal の自由エネルギーに変換される．この自由エネルギーのほとんどが熱となる（686 kcal でなく 673 kcal と算出されることもあるが，ここでは前者をとる）．1 個の ATP が P（リン： phosphate）を放出して 1 個の ADP（adenosine-di-phosphate）に変換するときに放出されるエネルギーは ca8 kcal であるから，38 ATP は ca304 kcal のエネルギーに相当する．1 g の水を 1℃温度上昇させるのに必要なエネルギーが 1 cal であるから，これは約 30 l の水を 10℃温度上昇させるのに等しいエネルギーである．ここで放出される自由エネルギー ca 686 kcal のほとんどは，熱に変換され細胞を温める．これは，約 70 l（より正確には 68.6 l）の水を 10℃温度上昇させるのに等しいエネルギーである．人体がほぼ水でできているとすれば（そんなにはずれた仮定ではない），体重 70 kgw の人の体温を 10℃上昇させるのに必要な食べ物は ca 180 g の糖質なのである．熱が奪われてゆくという放熱環境下で，産熱の意味を実感してもらいたい．

〈cal と J〉

ここまで熱の単位としてカロリー（calory／（略）cal）を用いたが，現在では［J：ジュール，joule］を用いることになっている．ちなみに，カロリー（calory）はラテン語 calor（熱，暑さ）に由来している．

1 cal = 4.184 J である．小数第 3 位を実験的に決定できなかったので，イギリスの物理学者ジュール（James P. Joule）は，この比率を 4.184 として定義した．この比率を 4.182 あるいは 4.186 などとする成書も見られるが，本書ではジュールに従う．また，［J/s（s ： second，秒）］=［W：ワット，watt］であるので，成人の 1 日の産熱量（消費カロリーなどと呼ばれることが多い）を ca 2 500 kcal とすると，ca2 500 kcal/日 = ca2 500 kcal × 4.184 J／(24 × 60 × 60) = ca 100 ［W］となる．産熱量の多いプロスポーツ選手などでは，ca 300 ［W］になることもある．

産熱組織と非産熱組織については前述したが，非産熱組織として貯められている脂肪は，代謝された場合，産熱量が多いことに注意しておくべきである．また，

食物として摂取された場合も，脂質（脂肪）はタンパク質や糖質と比較して産熱量が格段に高い．

寒冷環境で脂質を多く摂取すること（またそういう料理が多いこと）は，適応的生活行動なのである．

放熱

放熱（heat loss）は，ドライな放熱（dry heat loss）とウェットな放熱（wet heat loss）に分けられる．ドライな放熱には，伝導（conduction），対流（convection），輻射（radiation）の3種類がある．ウェットな放熱とは，発汗（sweating あるいは perspiration）のことである（表3.1）．

表 3.1　放熱の種類

dry heat loss	伝導（conduction），対流（convection），輻射（radiation）
wet heat loss	発汗（perspiration or sweating）

伝導（conduction）とは，近接している分子同士が振動のエネルギー（これが熱の本態である）を伝え合い均一化してゆくことにより，熱を伝えてゆく方式である．

〈ニュートンの冷却式〉

ニュートンの冷却方程式（Newton's cooling equation）は，伝導により放出される熱の量（ΔH：単位時間に伝導される熱の量）を示した式である．

$$\Delta H = \rho (T_1 - T_2) S$$

ここで，ρ：熱伝導係数，T_1：皮膚温，T_2：外気温，S：表面積である．

$T_1 = T_2$ すなわち皮膚音と外気温が等しいときは，伝導による放熱はない．皮膚温は ca30 ℃であるので，気温 ca30 ℃となる環境では，伝導は体温低下に寄与しない．外気温が皮膚温相当となる環境下で（伝導や対流による放熱が不可能な環境下で），後述の発汗がいかに重要であったかは，初期人類がもっとも実感していたことかもしれない．

また，皮膚温 ca30 ℃とすると，外気温 0 ℃，外気温 10 ℃，外気温 20 ℃の場合の放熱比は 3：2：1 となる．外気温 20 ℃の温暖な環境と，外気温 10 ℃の寒冷

な環境と，外気温0℃の極寒の環境とでは，伝導による放熱は1,2,3の整数倍比で異なるのである．これが衣食住に及ぼす影響は大きいはずであり，人類の進化および生活を見るときに環境温がきわめて重要な要素であることを実感すべきである．

表3.2に，いくつかの素材の熱伝導係数を示す．人類は，被服材料や家の材料などにさまざまな断熱性能をもつ素材を利用してきた．現代の素材についても示してみた．

表3.2 熱伝導係数（W/mK：1度Kの温度差のある1mの距離を1秒間に移動する熱量J）

天然繊維		化学繊維		その他	
羊毛	0.37	デークロン	0.36	空気	0.024
絹	0.44	ナイロン	0.38	紙	0.06
綿	0.54	オーロン	0.40	乾燥木材	0.15～0.25
麻	0.63	アクリラン	0.37	ガラス	0.55～0.75
		クレスチン	0.39	砂	0.3
		アーネル	0.39	水	0.6
		中空スフ	0.39	氷	2.2
		レーヨン，スフ	0.46	レンガ	0.62
		レーヨン	0.58	土壁	0.69
				漆喰	0.7
				コンクリート	1.0
				ステンレス	15
				鉄	84
				アルミニウム	236

熱量

熱量（heat content）は，その物体がもっている熱の総量であり，温度と質量の積として定義される．熱量が大きいことは，熱的に安定であることにつながる．体格が大きいと，それだけで熱的に安定（寒い所で冷えにくく，暑い所で温まりにくい）なのである．

熱量＝質量×温度

熱容量

熱容量（heat capacity）とは，その物体を1℃温度上昇させるために必要な熱の量であり，比熱（specific heat）と質量の積として定義される．比熱とは，その物質1gの温度を1℃上げるのに必要なカロリー数と考えてよい．水1gの熱容量が1 cal であり，それに対する比として表すので単位のない無名数である．

$$熱容量＝質量×比熱$$

ヒトも含めて哺乳類の比熱は ca0.83 である．

対流（convection）とは，伝導と異なり，近接していない分子がきて（すなわち風が吹いて）振動のエネルギー（熱）を奪いあるいは伝えてゆくことであり，伝導よりも効率がよい．風が吹くと「体感温度が低い」などというが，伝導と比較して実際に冷却効果は高い．そのため，伝導で十分な冷却効果が得られない場合，扇子や扇風機が活躍するのである．日本の夏は高温多湿で，後述の発汗も効率が悪いため，和服の開口部は大きく，対流による風を多く取り入れるようになっている．本書では割愛するが，世界各地の民族衣装とは，その地域の気候風土に合わせた体温調節の道具としての側面を必ず備えており，これが人類の文化技術的な適応能の高さを支えている．

〈赤外線と輻射熱〉

輻射（radiation）とは，電磁波のエネルギーが伝播することであり，破壊されずに，うまく振動のエネルギー（熱）として伝われば輻射熱を受けることになる．電磁波のエネルギー E [eV:エレクトロンボルト] は，振動数（ν）とコンプトン定数（h）の積である．振動数と波長（λ）の積が光速（C：真空中で秒速30万km，媒質中ではその屈折率分の1となる）であるので，振動数が高いということは波長が短いわけであり，波長の短い電磁波，たとえば紫外線（UV：ultra violet）やX線（X-ray）やガンマ線（γ-ray）などは生体にとって破壊効果が大きい．

$$E = h\nu \quad (C = \lambda\nu)$$

生体物質に輻射熱を与えやすいのは，赤外線（IR：infra red）である．熱線などとも称される赤外線は，生体物質に電磁波としてのエネルギーを伝えやすく，すなわち生体物質の固有振動数に近いため共振しやすく，生体物質の振動エネル

第 3 章　適応のしくみと変異

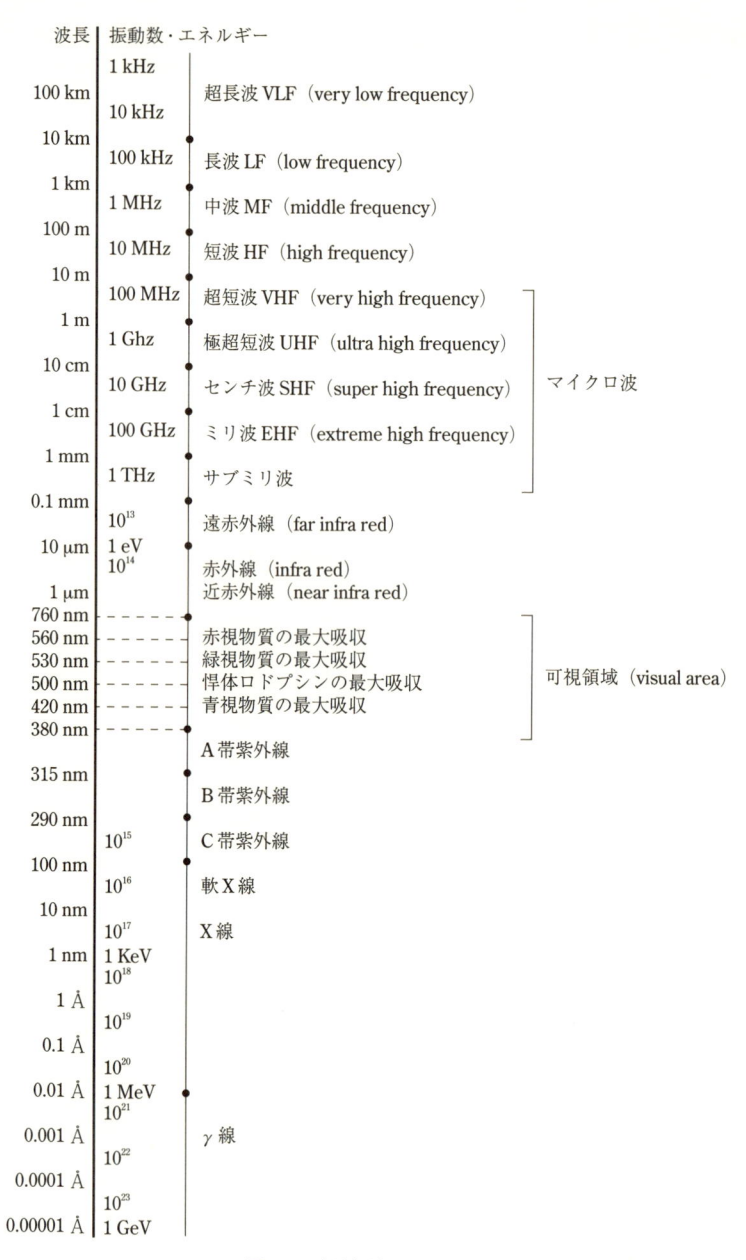

波長	振動数・エネルギー		
	1 kHz		
100 km		超長波 VLF（very low frequency）	
	10 kHz		
10 km			
	100 kHz	長波 LF（low frequency）	
1 km			
	1 MHz	中波 MF（middle frequency）	
100 m			
	10 MHz	短波 HF（high frequency）	
10 m			
	100 MHz	超短波 VHF（very high frequency）	⎤
1 m			
	1 Ghz	極超短波 UHF（ultra high frequency）	
10 cm			
	10 GHz	センチ波 SHF（super high frequency）	マイクロ波
1 cm			
	100 GHz	ミリ波 EHF（extreme high frequency）	
1 mm			
	1 THz	サブミリ波	⎦
0.1 mm			
	10^{13}	遠赤外線（far infra red）	
10 μm	1 eV		
	10^{14}	赤外線（infra red）	
1 μm		近赤外線（near infra red）	
760 nm	-----		⎤
560 nm	-----	赤視物質の最大吸収	
530 nm	-----	緑視物質の最大吸収	
500 nm	-----	杆体ロドプシンの最大吸収	可視領域（visual area）
420 nm	-----	青視物質の最大吸収	
380 nm	-----		⎦
315 nm		A 帯紫外線	
290 nm		B 帯紫外線	
	10^{15}	C 帯紫外線	
100 nm			
	10^{16}	軟 X 線	
10 nm			
	10^{17}	X 線	
1 nm	1 KeV		
	10^{18}		
1 Å			
	10^{19}		
0.1 Å			
	10^{20}		
0.01 Å	1 MeV		
	10^{21}	γ 線	
0.001 Å			
	10^{22}		
0.0001 Å			
	10^{23}		
0.00001 Å	1 GeV		

図 3.5　波長領域

コラム

日向の暖かさ

　日向と日陰では，空気の温度（分子の振動の程度）は伝導により同じであるが，日向は暖かい．これは，太陽光中の赤外線の輻射熱を皮膚が受けるからである．熱した鉄板やストーブなどに手をかざすと熱く感じるのは，目には見えないが赤外線が輻射されているからである．人体からの赤外線放射は少ないため，人体では輻射による放熱はほとんど考えなくてよい．

ギーに置き換わりやすいので，生物を温めてくれる．受熱環境の主体は赤外線である．

温熱性発汗

　発汗による放熱量（気化熱：ΔH [cal]）はきわめて大きく，1 g の汗（水分）が気化したときの気化熱は，次式により計算できる．

$$\Delta H = 595.9 - 0.56 \cdot t \quad (t：摂氏温度)$$

　発汗による放熱量の大きさを実感するために，一例を示す．いま，体質量 70 kg の人が激しい筋作業を行い，1 000 ml の汗をかいたとする．全身の温度は体表温も含め 30 ℃で均一とし，比熱は 0.83 [cal/g・℃] とすると，この人の熱容量（この人を 1 ℃温度上昇するのに必要な熱の量）は，

$$[質量：70\,\text{kg}] \times [比熱：0.83] = \text{ca } 58\ [\text{kcal}/℃]$$

であり，30 ℃の汗 1 000 ml が奪う気化熱は，

$$\Delta H\ [\text{cal}] = (595.9 - 0.56 \times 30) \times 1\,000 = \text{ca } 580\ [\text{kcal}]$$

であるから，この人の体温を ca 10 ℃下げることになる．換言すれば，この人は激しい筋作業において発汗しなければ ca 10 ℃体温上昇していたことになる．後述するが，全身に発汗できるのは人類とウマ（ただし，ウマは大汗腺による）だけである．発汗は，人類が手に入れた，他の動物にはない最高度の適応機能（放熱装置）なのである．

3.3 暑熱環境への適応

暑熱環境への適応とは，とりもなおさず，アフリカにおける初期人類の獲得した適応能力である．

〈暑と熱〉

暑熱環境という場合，いくつかの要素を含んでいる．「暑」とは空気の温度が高いことであり，「熱」とは太陽からの輻射が強いこと，すなわち赤外線による輻射熱が強いということ，そして紫外線照射が強いことを意味している．本書では，この意味を強調して暑熱環境に，hot air and high radiative environment の英訳をあてる．重要なのは，生理的に「暑」と「熱」に対して，それぞれ異なる機能で対応していることである．

〈脂臀〉

「暑：hot air」環境に対して体格・体型でどのように適応するかについては，すでに述べた．皮下脂肪についても概略は説明したが，人類についてもレンシュの法則があてはまる．すなわち，皮下脂肪が，図 3.6 に示すように乳房部と臀部と大腿部の外側という局在した部位につく体型で，これを脂臀(でん)（steatopygia）という．石のように硬い尻という意味である．

脂臀はアフリカンブラック（とくに南西アフリカのコイ族とサン族）やアンダマン諸島（インド）の女性に顕著であり，旧石器時代（打製石器時代の別称．ちなみに新石器時代とは磨製石器時代の別称）のビーナス像にもこれらの特徴が見られることから，ルーシーも含め初期人類の女性にも見られた

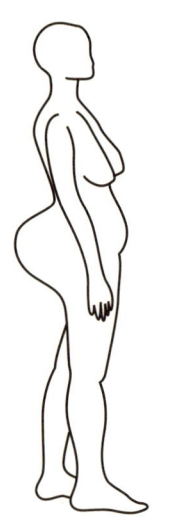

アフリカンブラックなどの女性の体型

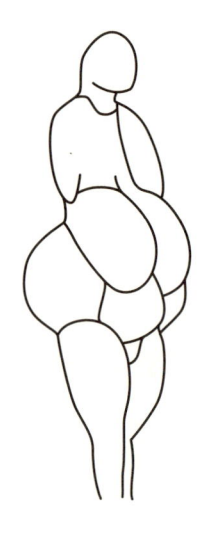

旧石器時代のビーナス像に見る女性の姿

図 3.6　脂臀

のではないかと想像をたくましくしている．

人類固有の全身発汗

「暑い」という環境に，こうした形態変化（体格，体型，体組成）による適応を行ったのは人類だけでなく，他の多くの動物たちも同様である．

しかし人類は，これに全身発汗という生理機能を加えた．より正確にいえば，それまで霊長類の特性として，緊張した際に滑り止めとしての汗を把握装置である手足にかくという精神性発汗を手に入れていたのだが，これをさらに進化させ，暑いときに発汗するという温熱性発汗を手に入れたのである．画期的なことであり，前述したように，人類の特徴や価値観をつくり出す重要な要素であった．

確認しておきたいのは，この発汗は当初精神性発汗に用いた小汗腺であり，臭いづけに用いた大汗腺ではない，ということである．また，この小汗腺を，それまでの手掌（前腕内側面も含め）や足底だけでなく，全身に分布させたということである．全身で発汗し，暑熱環境下での放熱機能を高めたのである．これは，人類という動物のきわめて特異な生理機能であり，このために初期人類が過酷な暑熱環境を乗り越え（何よりも，この暑熱のニッチェを自分のものにしなければ食肉獣の餌でしかなかった），現生の人類にまで進化することができたのである．全身発汗に，whole body perspiration の英訳をあてることにする．

〈能働汗腺と不能働汗腺〉

現生人類では，全身に約 450 万個の小汗腺が解剖学的に確認され，これを解剖学的汗腺（anatomocal sweat gland）数というが，発汗能力の高い能働汗腺（active sweat gland：「働」という字が正しいが「動」を使う人も多い）と，発汗能力の低い不能働汗腺（inactive sweat gland）があり，幼年期の発汗状態によりその割合が変化する．

すなわち，10 歳前後までに，暑い環境に住むなど発汗する機会が多ければ多いほど能働汗腺の割合が増え，あまり汗をかかなければ能働汗腺の割合が減ることが知られている．

表 3.3 は，久野寧らの，いくつかの集団の能働汗腺数および日本人の移住者の能働汗腺数についての調査結果であるが，成人してから暑熱地に移住しても能働汗腺の割合が増加しないことが見てとれる．小学校低学年までの間に夏季にクー

表 3.3 諸集団および日本人移住者の能働汗腺数

(単位：千個)

集団	検査人数	最少数	最大数	平均
アイヌ	12	1 069	1 991	1 443
ロシア人	6	1 636	2 137	1 886
日本人	11	1 781	2 756	2 282
台湾人	11	1 783	3 415	2 415
タイ人	9	1 742	3 121	2 422
フィリピン人	10	2 642	3 062	2 800
成人後タイ移住日本人	8	1 497	2 692	2 293
成人後フィリピン移住日本人	3	1 839	2 603	2 166
台湾出生日本人	6	2 439	3 059	2 715
タイ出生日本人	3	2 502	2 964	2 739
フィリピン出生日本人	15	2 589	4 026	2 778

(久野ら，1963)

ラーを頻繁に使用すると，能働汗腺数の割合が少なくなると示唆される．

寒い地方では年少時に発汗の機会が少ないので，能働汗腺数の割合を増やすには不利である．すると，全身持久力などの能力が衰えることになる．持久的筋作業などでは能働汗腺数の割合が多いほうが有利だからである．しかし，北欧などの人々の全身持久力の能力が低ければ，極寒の地での生活はよりきびしいものになるであろう．北欧のサウナの習慣は，汗腺を刺激して能働汗腺数の割合を増やすのに有効なのではないかと，著者は想像している．

もう1群，全身発汗を行う動物がいる．それはウマ属（*Equus*）であるが，大汗腺によるものであり，ヒトより劣る．しかしこのために，家畜ウマ（*Equus caballus*）やロバ（アフリカノロバ *E. africanus*，アジアノロバ *E. hemionus*）やラバ（第1章で説明したように学名はない）は人類の使役家畜として共に汗水流してくれたのである．ちなみに，同じく使役家畜のウシは鼻先部でのみ大汗腺の発汗をし（ブタも同じ），多量の唾液を出してこれを気化させウェットな放熱を行っているが，効率はさらに低い．イヌもパンティングと呼ばれる多量の唾液によるウェットな放熱を行う動物として知られている．

3.3 暑熱環境への適応

― コラム ―

パンティング

イヌなどが多量の唾液分泌により行うウェットな放熱のことを浅速呼吸（panting）という．浅く速く呼吸し，多量の空気の流れを使って唾液を気化させるわけだが，この際深く呼吸すると肺内の空気が外気と大きく入れ替わり，生物としてはまずいことになる．どういうことかというと，深く呼吸すると，肺内の酸素濃度は外気に等しい 20.93 % に近くなり，酸素を体内に取り込むためには有利であるが，肺内の二酸化炭素濃度は通常の 5～7 % から外気と等しい 0.03 % にまで低下し，二酸化炭素濃度が通常レベルに上昇してくるまでに時間がかかることになる．実は，呼吸運動は血液中の二酸化炭素濃度で調節されており，血中二酸化炭素濃度が高いと苦しいと感じて呼吸が激しくなり，低いと無呼吸となる．したがって，深い呼吸を繰り返したあと二酸化炭素濃度が高くなる前に酸素濃度が呼吸運動などのために低下してしまうと，苦しさを感じることがないまま無呼吸が続き失神してしまう．人間でも同じで，潜水などの前に過呼吸をすることはきわめて危険である．激しい運動後，すなわち過呼吸後に無呼吸が続き酸欠状態になった場合などは，自分の呼気を袋に入れて再度吸い込むとよいとされている．また，panting の語源の pan とはギリシア神話に登場する半人半獣の生物であり，人を脅かすことが大好きで，木陰から突然現れて人を脅かし panic 状態にさせ，panting 呼吸を起こさせるという．しかし pan は草笛がうまく，聞く者を fantastic（pantastic から変化）な気分にさせてくれるし，踊りもうまいため，pantmime の語源となった．

「熱」環境に対するメラニンの機能

「熱」すなわち赤外線と紫外線に対しては，メラニン顆粒形成というやり方で人類は適応した．メラニン顆粒と赤外線の関係についてはあまり言及されていないが，炎天下でメラニン顆粒を多く含む黒い髪が熱くなるように，メラニン顆粒は赤外線に対しても効率よく電磁波エネルギーを吸収し，振動のエネルギーに置換してメラニン顆粒自身が熱くなり，髪におおわれた頭皮が直接熱くなるのを防いでいる．髪には，暑熱環境下で，こうした帽子となる機能があるのである．

一方，紫外線による細胞破壊に対して，初期陸上脊椎動物は分厚い皮膚で対処し，哺乳類や鳥類となってからは体毛や羽が保護装置となった．しかし，体毛をなくした人類はむき出しの皮膚に紫外線を受けるため，皮膚（表皮）のメラニン顆粒が唯一の防護壁となっている．初期人類（アフリカの猿人たち）は現代のアフリカンブラックほどではなかったとしても，メラニン顆粒を相当皮膚に蓄えた

黒人だったと想像できる．

紫外線

紫外線の波長領域は前述したように380～760 nmであるが，生理的作用の違いにより3領域に（周波数帯域を意味する「帯」をつけて）分けられている．すなわち，**表3.4**のようにA帯，B帯，C帯に分けられており，それぞれ表に示すような生理作用となっている．

表3.4　紫外線の波長領域

A帯紫外線（380～315 nm） 波長が長いため皮膚内到達深度がもっとも深く，メラニン形成細胞に即時的に働いて皮膚の黒化作用（sun tanning effect）をもたらす．
B帯紫外線（315～290 nm） 皮膚内到達深度はA帯ほど深くはないが，振動数が高くなるため破壊効果はA帯より強く，体表の毛細血管壁を破壊し，皮膚が赤く腫れ上がる．またメラニン形成細胞に遅延的に働いて皮膚の遅延黒化作用（delayed sun tanning effect）をもたらす．
C帯紫外線（290～100 nm） 振動数がもっとも高いため破壊効果がもっとも強く，DNAを破壊し皮膚癌の原因となる．とくに260 nmのC帯紫外線は放射線生物学などで突然変異個体をつくり出すのに使われる波長である（この波長を多く放出する蛍光灯を用いる）．大気中のオゾンにより吸収されるが，オゾンの薄い南極大陸や夏季の赤道付近では地表に強く照射されている．

メラニン顆粒形成細胞

人類は，表皮下部のマルピーギ層に存在するメラニン顆粒形成細胞（メラノサイト：melanocyte）でメラニン顆粒をつくり出し，胚芽層でつくられた表皮細胞に次々とメラニン顆粒を受け渡してゆく．正確には，（後述の）メラニン顆粒が詰まった袋であるメラノソームを受け渡し，角化細胞（ケラチノサイト：ceratinocyte）となった表皮細胞がこれを受け取り，ケラチノサイトのなかでメラノソームの膜が溶かされてメラニン顆粒が露出するのである．メラニン顆粒を受け取った表皮細胞は紫外線を受けながら，一部は癌化し，最後は垢として脱落する．表皮は，癌化した細胞を体内に入れないよう廃棄するのが目的の器官なのである．胚芽層から脱落層に達するまで通常1か月ほどかかるが，夏など日差しの強いときは2週間ほどである．メラニン顆粒には紫外線のエネルギーを吸収する作用のほかに，紫外線により発生した活性酸素を取り込む作用もある．

3.3 暑熱環境への適応

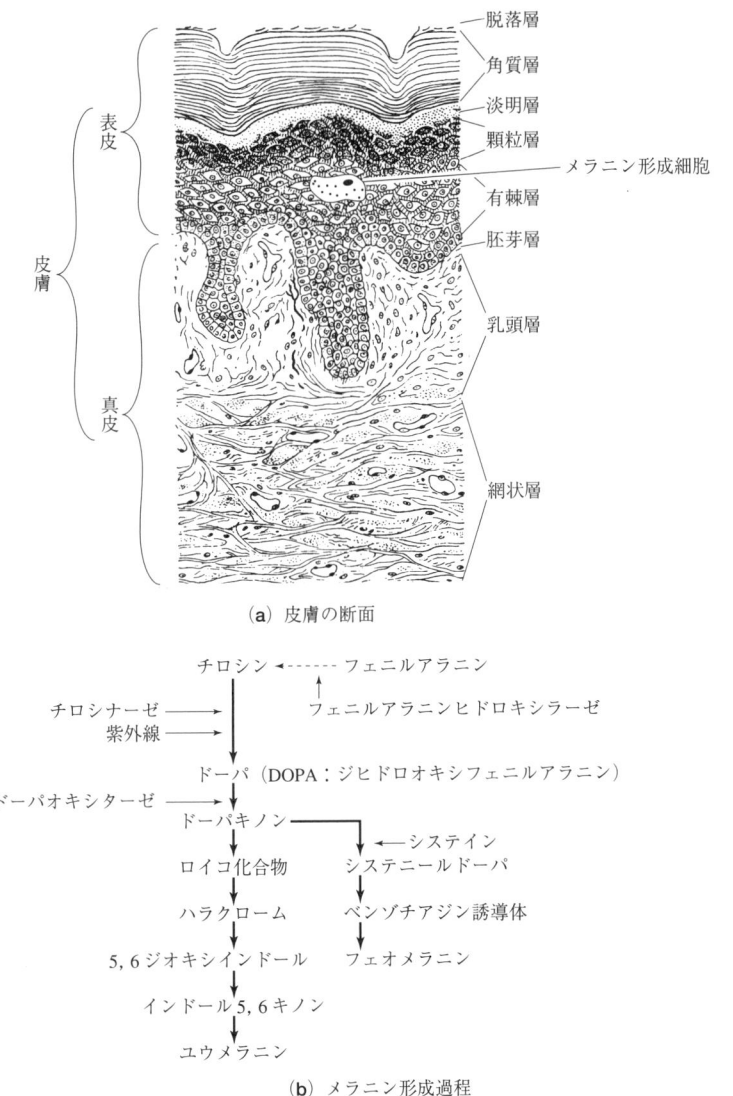

```
                                脱落層
                                角質層
                                淡明層
          表                    顆粒層
          皮                              メラニン形成細胞
                                有棘層
                                胚芽層
皮
膚                              乳頭層
          真
          皮

                                網状層
```

(a) 皮膚の断面

```
                    チロシン ←------ フェニルアラニン
   チロシナーゼ →    ↓          ↑
   紫外線    →              フェニルアラニンヒドロキシラーゼ

                    ドーパ（DOPA：ジヒドロオキシフェニルアラニン）
   ドーパオキシターゼ →  ↓
                    ドーパキノン ──→        ← システイン
                    ↓              ↓
                 ロイコ化合物      システニールドーパ
                    ↓              ↓
                 ハラクローム      ベンゾチアジン誘導体
                    ↓              ↓
                5,6 ジオキシインドール  フェオメラニン
                    ↓
                インドール 5,6 キノン
                    ↓
                 ユウメラニン
```

(b) メラニン形成過程

図 3.7

　メラノサイトはもともと神経細胞（神経堤でつくられ胎生 2 か月で真皮にゆき，胎生 3 か月で表皮に移行する）由来の遊走細胞（アメーバのように動きまわる）であり，紫外線照射を受けた皮膚下に移動してメラニン形成（melanogenesis）

93

を行う．年をとって表皮に水分が少なくなりメラノサイトが移動しにくくなると，メラノサイトが1か所に集まって（蓄年の紫外線刺激効果も加わり）メラニン形成を行い，老人性色素斑（senile pigment freckle）となる．ちなみに，いわゆるしみ（正式には肝斑,chloasma）は年齢とは関係なくメラノサイトの活性化によるものとされている．

メラニン顆粒は，メラノサイトの中のメラノソーム（melanosome）という単位膜（タンパク質-脂質-タンパク質，という3層構造の膜で細胞膜など各種の膜の基本単位という意味で単位膜という）で形成された細胞内器官のなかでつくられ蓄えられる．アフリカンブラックのメラノソームはフットボール型で，ヨーロピアンコーカソイドの10倍ほどの大きさである．アジアンモンゴロイドではその中間である．

メラニン合成

メラニン顆粒はチロシン（tyrosine）というアミノ酸から，DOPA（ドーパ：3, 4 dihydro-oxy-phenylalanine）を経てつくられる．チロシンからDOPAをつくる際の酵素であるチロシナーゼ（tyrosinase）が欠損すると白子（アルビーノ：albino）が生ずる．白ヘビ，白クマ，白ウサギ，白色レグホン（ニワトリの白い品種）など，白い動物のすべてはこの白子である．DOPAからドーパオキシターゼによりドーパキノンができ，ほとんど無触媒的に酸化を受けロイコ化合物，ハラクローム，5, 6ジオキシインドール，インドール5, 6キノンを経て真性メラニン（ユウメラニン：eumelanin）という黒色顆粒と，途中のドーパキノンにシステイン（cystein）というアミノ酸が結合した黄色メラニン（フェオメラニン：pheomelanin）という（黄色というより）褐色顆粒とができる．通常，このユウメラニンとフェオメラニンとの混合メラニン（mixed melanin）となっているが，アフリカンブラックのメラニンはユウメラニンが主体であり，アジアンモンゴロイドやヨーロピアンコーカソイドはフェオメラニンが主体である．チロシナーゼは紫外線により活性度を高めDOPAを量産するので，紫外線照射下でメラニンが量産されることになる．

なお，アフリカンブラックのメラニン形成能力は遺伝的に高く，頭髪，皮膚，虹彩に多量に沈着するが，手掌部と足底部には少ないという特徴をもっている．

― コラム ―

メラニン

　メラニンはギリシア語の melas（黒い）からきた言葉で，心が黒い（暗い）とメランコリー（melancholy：憂鬱な）となる．南西太平洋のメラネシア（Melanesia）は，イギリスの探検家クック（James Cook）が海に浮かぶ黒い点々と見える島として命名した．チロシナーゼ欠損から起きるアルビーノ（albino：白子）は，ラテン語の alb（白い）からきた言葉であり，卵の白身から発見されたタンパク質であるアルブミン（albumin：卵蛋），アルバ（alb：ミサ用の白い司祭服），アホウドリ（albatross：白い鳥から：学名は *Diomedes albatrus*），アルビオン（Albion：イギリスの雅称．シーザーが鳥の糞で白くなったブリテン島の崖を見て呼んだことに由来），アルバム（album：白い紙を綴じたもの）などの言葉になる．また，alb が alp に変わり，alps はその複数形で白い山を意味することになった．チロシナーゼは銅を含む酵素であり，ジャガイモやリンゴなどの植物にも含まれる．また，味噌や醤油をつくる麹菌にはチロシナーゼの銅を奪う作用があり，銅を奪われるとチロシナーゼは働けず，麹を触る手は白くなる．メラニンができる途中のハラクロームは真っ赤な色素であり，環形動物のアカムシ（ユスリカの幼虫の赤虫とは異なり，学名は *Halla parthenolapa* という）から得られたので hallachrome（chrome は色という意味）と名づけられた．

― コラム ―

摂氏，華氏，絶対温度

　日本では，万葉仮名の伝統から，外国人の名前は適当な漢字をあてはめて書く習慣があり，アリストテレスを「亜利須都天礼素」としたり，それを略して亜氏などとする．このため，スウェーデンのセルシウス（Anders Celsius）を摂氏，ドイツのファーレンハイト（Gabriel Daniel Fahrenheit）の「ファ」の音は中国語から借りて華氏，と書く．摂氏温度（C）と華氏温度（F）の関係は，$C = 5(F - 32)/9$ である．イギリスのケルビン（Lord Kelbin，本名 William Thomson）は物質の振動が熱の本体であるとして振動のない状態を絶対零度とし，摂氏と等間隔の温度体系である絶対温度（K）を提唱した．0 度 C = 273 度 K である．

　なお，湿度についても述べておくと，絶対湿度とは単位体積に含まれる水蒸気の絶対量（g/cm^3）であり，相対湿度とはその温度における飽和水蒸気量に対してどれくらいの水蒸気量なのかという割合を％で示すものである．

また，アフリカンブラックで高緯度地方に移住し200年ほど経っている集団でも，メラニン形成能力が衰えていないことから，遺伝的にかなり強く固定されていると考えられる．

以上が暑熱環境への適応のしくみと，それからもたらされる形質であるが，忘れてならないのは，暑熱地帯は可視領域の照射量も多く，それぞれの色のもつパワー（電磁波としてのエネルギーの総量）が強い環境であるという点である．これが，その地方に住む人々の，コントラストの強い，濃い色使いを好む生活嗜好に反映されていると考えられる．

〈体色とグロージャーの法則〉

グロージャーの法則（Gloger's rule）とは「哺乳類や鳥類の体色が，寒い地方にゆくほど薄くなる」という傾向を表現したものだが，体毛や羽に蓄えられるメラニン量の多寡が紫外線照射量の多寡によるという，ここに説明した内容を意味するものであり，人類もグロージャーの法則にあてはまるといえる．

3.4 低日照および寒冷環境への適応

低日照および寒冷環境への適応とは，とりもなおさず，出アフリカからヨーロッパ大陸へと進出した人類（ca180万年前，ca18 m）であるヨーロピアンコーカソイドの獲得してきた適応能力である．

低日照および寒冷環境という場合，いくつかの要素を含んでいる．高緯度に移るにつれ赤外線照射量が減少し日差しはやわらかくなり，気温は涼しくなる．より高緯度では日照量が低下し，寒冷から極寒へと移行する．ここに含まれる要素とは，温度の低下，それにともなう乾燥，そして紫外線量の低下である．

出アフリカの地点はおよそ北緯30度であり，日本でいえば現在の鹿児島県屋久島よりわずかに南方の地点に相当し，まだ寒冷とはいえないが，地中海の東側をまわって北上し，現在のギリシアあたりまで移動しようとするとほぼ北緯40度あたりの地点を通ることになる．これは現在の宮城県や秋田県に相当する位置である．こうした温度低下に適応して出アフリカ人類はヨーロッパ大陸へと進出していった．しかも，その時期（ca180万年前），すなわち第4紀始まりの時期は氷河期が始まる時期である．カフカズ（Kavkaz）山脈（かつてコーカサスと

3.4 低日照および寒冷環境への適応

呼ばれ，コーカソイドの名の由来となった地）の麓（ふもと），グルジアのドマニシ遺跡，ここがまさに出アフリカを語る舞台である．

さて，気温の低下に，体格と体型の変化でどのように適応したかはすでに説明したので，思い出してもらいたい．また，ヨーロッパ大陸はすべて平均放熱環境であるため，とくに体格の勾配が顕著であることもヨーロピアンコーカソイドの特徴である．

ヨーロピアンコーカソイドは，寒冷に対して皮下脂肪を多量につけるというやり方では適応しなかった．その分一層，体格の勾配が顕著なのである．また，皮下脂肪が薄く（後述の）後眼窩脂肪体（こうがんか）が少ないため眼球が眼窩奥に位置し（眼が落ち窪み），よけいに二重瞼となりやすい．眼窩とは，眼球を入れる頭骨のくぼみである．また頬脂肪体（後述）も少ないため頬がこけ，いわゆる彫りの深い顔となっている．

ヨーロピアンコーカソイドの鼻と髪

温度の低下にともなう乾燥に対して，ヨーロピアンコーカソイドは長い鼻を獲得することにより適応した．人体では，垂直方向に大きい場合を「高い」，前後方向に大きい場合を「長い」というので，ヨーロピアンコーカソイドの鼻は長い，となる．ヨーロピアンコーカソイドの鼻は長く，冷たく乾燥した外気はここで温められ湿り気を与えられて肺に向かうのである．

また，それまで放熱装置であった渦状毛は，長さを増し，断面形状もアフリカンブラックの扁平な楕円形からやや丸みをおび，皮膚からの立上がりもやや垂直に近づき，ヨーロピアンコーカソイド特有の波状毛（wavy hair）となった．やや垂直に立ち上がった長い波状毛は，もはや放熱装置ではなく暖房装置となったのである．詳細は後述するが，この暖房装置としての特徴をさらに強めたのがアジアンモンゴロイドの髪である．

紫外線量の低下に対して，ヨーロピアンコーカソイドはメラニン顆粒を少なくするというやり方で適応した．メラノサイトの数はヨーロピアンコーカソイドも（アジアンモンゴロイドも）アフリカンブラックとあまり変わらず，皮膚 $1\,mm^2$ 当たり約1000個（陰部などでは約1400個），別な推定では表皮細胞約36個に対し1個の割合ともいわれているが，もともと人類はアフリカ出自の動物であり，

97

メラノサイト自体の数は保たれているといえる．換言すれば，メラノサイトの数は等しいがメラニンをつくらなくなってきたのである．より正確にいえば，メラニンをつくらないメラノサイトをもつ個体が選抜的に淘汰され，色白のヨーロピアンコーカソイドになったのである．メラノソームの前身であるプレメラノソーム（premelanosome）にプロチロシナーゼが働きメラノソームを活性化するが，このプロチロシナーゼ欠損によりコーカソイドがメラニンをつくらないとする説もある．

ビタミンD

メラニンをつくらない個体が選抜淘汰されることは，メラニンが少ない個体が有利だということである．紫外線は細胞を破壊するエネルギーをもっているが，実はこのエネルギーを利用して人類はビタミンDを合成しているのである．種々のビタミンDをつくる前段階の物質（前駆体という）であるプロビタミンD（プロビタミンD_2と呼ばれる植物体中のステロイド，エルゴステロール，プロビタミンD_3と呼ばれる7デヒドロコレステロール）に紫外線を照射するとビタミンDが生ずる．このために，紫外線照射が少ない高緯度地方にゆくほど，日光浴などで紫外線を浴びる生活習慣が必要となる．ちなみに，ヒト以外の動物の多くではプロビタミンD_3（7デヒドロコレステロール）を食物として取り込み，紫外線によりビタミンD_3（ジヒドロキシビタミンD_3）をつくり出している．

ビタミンDの生理作用は，カルシウムの小腸での吸収を助け，カルシウムの骨への沈着を促進することなので，ビタミンD不足になるとくる病（rickets）となり，骨の軟化や変形が起きる．くる病はヨーロピアンコーカソイドに多い疾患であり，ヨーロッパ大陸に進出した人類が悩まされた病気であっただろう．とくに乳幼児や成長期の骨形成期には通常の4倍，妊婦や授乳期は通常の2倍の量のカルシウムが必要とされ，低日照環境のヨーロピアンコーカソイドはプロビタミンD摂取に（当時の人類がプロビタミンDとは特定できていなくとも）積極的であっただろうと想像される．プロビタミンDが多く含まれる食品は魚類を除けばキクラゲなどキノコ類であり，出アフリカを果たしたヨーロピアンコーカソイドたちもこれらを積極的に食べていたのではないだろうか．イタリアとスイ

スの国境付近の氷河から発見されたca5000年のミイラ（アイスマンと呼ばれている）の持ち物のなかにも，キノコがあった．重要な食品であったのだろう．

ヨーロピアンコーカソイドの髪と虹彩

ヨーロピアンコーカソイドの髪の形状については前述したが，このようにメラニンが少なくなるので頭髪は褐色から淡い栗毛色，そしてさらにユウメラニンがほとんどなくフェオメラニンがわずかしか含まれない金髪，さらにメラニンがなくなり毛髪内で光が散乱する銀髪まで，さまざまな色となる．ヨーロピアンコーカソイドに特有の赤毛（紅毛）は，メラノサイトにある脳下垂体前葉から分泌されるメラノサイト刺激ホルモンの受容体の機能低下（メラノサイトにあるメラノコルチン1リセプターを支配するMC1R遺伝子の変異による）によりユウメラニンがつくられずフェオメラニンのみがつくられることによるとも，またカロチン色素によるものだといわれており，遺伝する．

虹彩（ギリシア神話の虹の神イリスIrisにちなむ）も，メラニンの減少にともない，分布する血管壁の青緑色や血液の赤色の組合せでさまざまな色合いとなる．ちなみに，中心の瞳は黒いのではなく，光が出てこないために（真っ暗な部屋を覗いたように）暗いのである．

〈ブロンドとブルネット〉

ブロンド（blond）は，通常「金髪」に使われるが，一見して虹彩の色が鮮や

コラム

虹彩

ルネッサンス期，ヨーロッパの貴婦人たちは，ナス科のベラドンナ（学名 *Atropa belladonna*）という植物の葉の汁を点眼し，これに含まれるアトロピンの作用で瞳を大きく（散瞳：midriosis）し，目を美しく見せようとした．虹彩よりも瞳を大きくすることがより美しいと感じたのであろう．ベラドンナとは，イタリア語で「美しい婦人」という意味である．ちなみに，アトロピンは，ギリシア神話の運命の三女神（モイライ）の一人アトロポス（Atropos）にちなむ名である．アトロポス（曲げ得ないもの）が宿命としての過去を歌い継ぎ，クロートー（紡ぐ者）が現在を紡ぎ，ラケシス（分け与えるもの）が未来を分け与える．そして未来の糸を断ち切るのもアトロポスの役目である．

かに目立つ青い眼で金髪（金髪碧眼）の場合から，赤褐色（auburn），黄褐色（yellowish brown）さらに灰色の髪にまで用いられる．一方，ブルネット（brunet）は茶褐色（brown）の髪に用いるが，一見して虹彩より髪のほうが目立つ場合などにも使われる．ブロンド，ブルネット共に皮膚色についても使われる．いずれにしても，ヨーロピアンコーカソイドは皮膚の色，髪の色，虹彩の色の変異が大きい集団であり，美意識や個性の表出にもこれらが大いに関係している．ちなみに，皮膚色の薄いヨーロピアンコーカソイドでは，メラニン色素が斑点状に沈着するそばかす（freckles：正式には雀卵斑（ephelides））が多いが，これは，優性遺伝によるメラノサイトの機能亢進によるものである．寒冷・乾燥・低紫外線という環境が，ヨーロピアンコーカソイドの住む環境（cold, dry and low UV environment）なのである．

　以上が，低日照および寒冷環境への適応のしくみと，それからもたらされる形質である．また低日照環境というのは，可視領域の照射量も少なく，それぞれの色のもつパワーが弱いということである．これが，ヨーロッパ大陸，とくに高緯度地方に住む人々のコントラストの弱い，淡い色使いを好む生活嗜好や色彩感覚に反映されていると考えられる．

3.5　四季の変化および寒冷環境への適応

　四季の変化および寒冷環境への適応とは，とりもなおさず，出アフリカからアジアへと進出した人類，アジアンモンゴロイド，とくにヒマラヤ山脈の北まわりで極東アジアへ進出したモンゴロイドが獲得してきた適応能力である．これに対し，ヒマラヤの南まわりで進出したアジアンモンゴロイドからはオセアニアに渡った集団，太平洋の島々に渡った集団が分岐した．アメリカ大陸へ渡った集団は，ここに述べる適応能力を獲得した極東アジアのモンゴロイドの末裔である．

　四季の変化および寒冷環境の要素とは，寒冷と乾燥についてはヨーロッパと同様に考えればよいが，日本を含む中緯度地方の特色として，北緯30度付近を中心に帯状に高気圧を生み出し，それにともなって赤道側では東風の貿易風，極側では偏西風が形成され（これに極偏東風が接し），高気圧に動かされて前線が南北に移動して四季を形成することである．

3.5 四季の変化および寒冷環境への適応

　寒冷，乾燥に対する体格や体型の基本は前述のとおりであるが，アジアンモンゴロイドは，体型についてはヨーロピアンコーカソイドよりもより寒冷適応を遂げている．すなわち，四肢が短く，体幹部も丸い．また，皮下脂肪についても，より高緯度にゆくに従い，多量にくまなく分布させ，寒冷適応能力としては北極グマやマンモスらとともに最高水準にまで達している．この集団だからこそ，氷河期の最盛期（古典的にいえば，第4氷河期のなかでもっとも寒くなった第4小氷期（ca12 000年前，ca12 cm）），ベリンジ（ベーリング海峡が氷でおおわれアジア大陸と北アメリカ大陸が陸続きになった陸橋）を渡ってマンモスハンターとして北アメリカ大陸へと渡っていったのである．

アジアンモンゴロイドの顔
〈蒙古襞〉

　アジアンモンゴロイドは，皮下脂肪をとくに顔面部に厚く沈着させている．これは他の集団とは大きく異なるアジアンモンゴロイド，とくに極東アジアのモンゴロイドの特徴である．また，顔面骨格の違い（後述の副鼻腔との関係による）と合わせてアジアンモンゴロイド独特の顔つきを生み出している．とくに，眼瞼(がんけん)（まぶたのこと）部につく厚い皮下脂肪は，**図 3.8** に示すような蒙古襞(もうこひだ)（蒙古皺襞(すうへき)（Mongolian fold）とも内眼角襞(ないがんかくひだ)（epicanthus）ともいう）を形成し，一重瞼で睫毛が奥からはえているような印象を与え，また上眼瞼(うわまぶた)が重く垂れ下がるため細目となる．

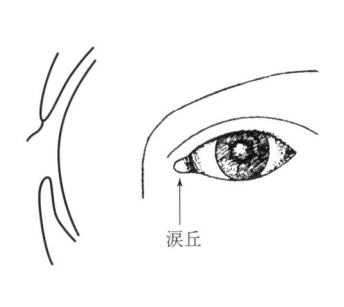

図 3.8 蒙古襞

(a) ヨーロピアンコーカソイド　アフリカンブラック

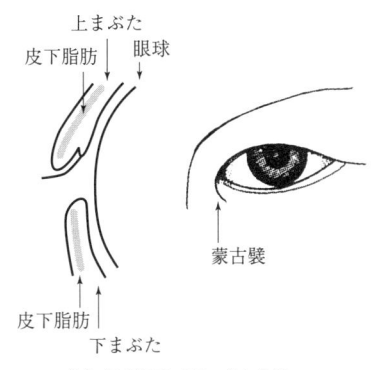

(b) アジアンモンゴロイド

〈顔面の脂肪〉

　顔面部にはさらに脂肪が沈着している．眼球を入れている眼窩の奥，すなわち眼球の裏に脂肪体が蓄えられ後眼窩脂肪体と呼ばれている．眼球を寒冷から守るためである．また，頬の皮膚のなかに頬脂肪体が蓄えられている．後眼窩脂肪体と頬脂肪体には毛細血管が密に分布しており，脂肪をエネルギー源とするときにすぐ利用される．したがって，病気などでエネルギー物質をたくさん必要とする場合など，眼が落ち窪み，頬がこけるのである．アジアンモンゴロイドの眼球は後眼窩脂肪体に押されて前に出るため，アジアンモンゴロイドの顔を横から見ると眼窩の上下の骨端よりも眼球が飛び出している．指を立てて眼球にあててみると，アジアンモンゴロイドは上下の眼窩骨端に触れるより前に眼球にぶつかってしまう．ヨーロピアンコーカソイドやアフリカンブラックではこのようなことはない．彫りのない丸みを帯びた顔がアジアンモンゴロイドの顔なのである．

〈髪〉

　アジアンモンゴロイドの体毛は再び長くまた広くはえる方向に進化してきた．頭髪についても，断面はさらに丸く太くなり，本数も増え，長さも長くなり，寿命も延びた（頭髪は10〜12万本といわれ，1本ごとの寿命は約10年といわれている．したがって1日当たり30本程度抜けてゆく計算になる）．皮膚からの立ち上がりも垂直に近く，したがって髪の根元にできる空気層は厚くなり，直毛であるため暖かい空気の漏れも少なく，高性能の暖房装置となったのである．

　髪の色は混合メラニンによる黒褐色から栗色までの変異である．また，皮膚や虹彩も同様に黒褐色から栗色までとなっている．日本人の中にも数本金髪が生じることがある．

〈副鼻腔〉

　寒冷かつ乾燥した空気を吸い込むことに適応して，アジアンモンゴロイドは鼻腔をとりまく骨に空気を含ませ，吸い込んだ空気を温め，また湿り気を与えるようにした．これらの骨にあいた空洞を総称して副鼻腔（sinus paranasalis）といい，前頭骨，上顎骨，篩骨，蝶形骨についている．前頭洞，上顎洞，篩骨洞，蝶形骨洞という．これはまた眼球の保温にも役立っていることに注意したい．さらに，この副鼻腔内の粘膜は，吸い込んだ空気内の雑菌に対する免疫機能も有しており，ウイルスや雑菌が入り込んだ場合など副鼻腔に引き入れて大食細胞

(macrophage) など免疫細胞が戦うのである．風邪で副鼻腔に膿（pus）がたまり重く感じることがあるが，これは大食細胞など白血球やウイルスや雑菌の残骸であり，戦いとしてはすでに終盤である．この膿は，のちに青っぱなとして排出される．この副鼻腔のおかげでアジアンモンゴロイドの顔はさらに平坦に，また横に広くなっている．そして免疫機能も高い．

アジアンモンゴロイドの体色変化

アジアンモンゴロイドの際立った特徴は，四季の変化に合わせて体色変化できることである．紫外線が強い夏はニグロイド並みの黒い体色とすることができ，紫外線の弱い冬は（ビタミン D 合成のために）薄い体色に変化させることができる．ヨーロピアンコーカソイドも体色変化は可能であるが，アジアンモンゴロイドの体色変化の能力のほうが格段に高い．幼児期に，臀部や背部でメラノサイトが集まってメラニン形成を行っているのが蒙古斑である．

寒冷適応能力

寒冷適応能力として，アジアンモンゴロイド特有のものではないが，以下の機能をあげておく．これらはヨーロピアンコーカソイドにもみられるものだが，いずれについても，アジアンモンゴロイドの性能が高いと考えられる．

〈立毛筋反射〉

まず，立毛筋反射（reflex of erector pili muscles）である．立毛筋は哺乳類一般にある毛根部につく平滑筋であり，寒冷刺激や緊張時に，皮膚から斜めにはえている毛を垂直に立たせ（毛を逆立て），保温効果と戦いのときの防御効果を高めている．人類は体毛を失ったため，皮膚がひかれて鳥肌（goose flesh, goose pimple, goose bump）となる．立毛筋反射は寒冷に対して実質的効果は少ないが，立毛筋には毛根に付属する皮脂腺が皮脂をしぼり出す効果もあり，冬季には皮膚の乾燥を防ぐ役目も想定できる．

〈ふるえ産熱と非ふるえ産熱〉

寒冷曝露されると，ふるえる．これはふるえ反射（shivering reflex）によりふるえ産熱（shivering thermogenesis）という筋産熱を起こすためである．交感神経による神経調節で行われるため，興奮した際の武者ぶるいとなって現れる．

第3章 適応のしくみと変異

寒冷曝露がさらに続くと，ふるえ産熱に続いて非ふるえ産熱（non-shivering thermogenesis）が起きてくる．これは甲状腺ホルモンなどによるホルモン調節であり，代謝を盛んにして代謝熱により体を温めようとする機能である．こうした産熱は，寒いという感覚が引き金となって起きるが，皮膚からの寒冷感覚は触覚により増強されることが知られている．寒いときに手をこすり合わせたり，押し競饅頭（くらまんじゅう）のような遊びができた背景には，触覚の感覚を増大させてより寒冷感覚を強く脳に知覚させ，ふるえ産熱や非ふるえ産熱を強く起こさせ，寒さに対抗するという生理機能があったと考えられる．

ハンチング・テンパラチャー・リアクション

人類の指先や耳垂には，ハンチング・テンパラチャー・リアクション（hunting temperature reaction）と呼ばれる機能がある．図 3.9 に示すように，指先を

(a) ハンチングリアクション

(b) ホイヤーグロッサー器官

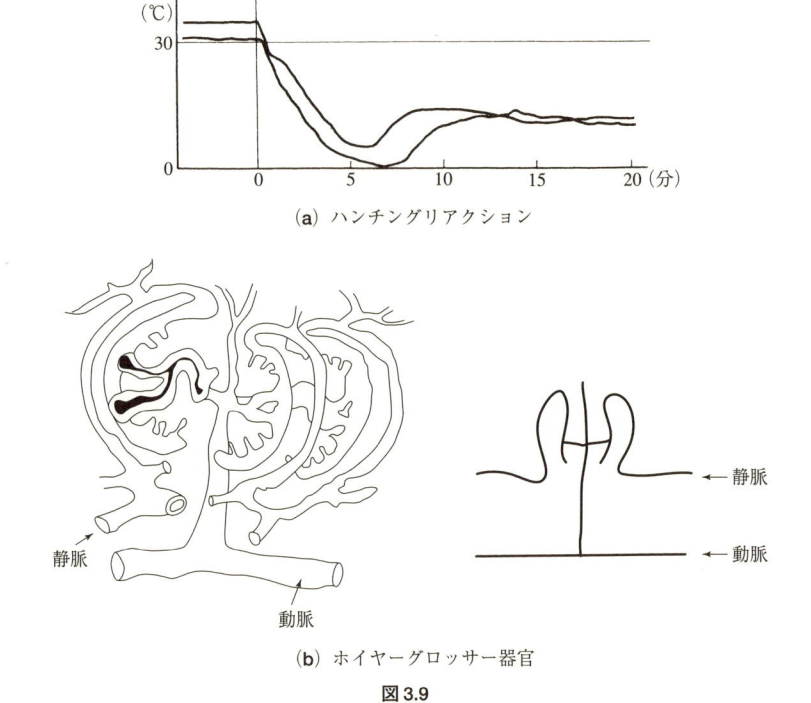

図 3.9

0℃の氷水に浸けると指先温度は低下してゆく．これは毛細血管反射により，寒冷曝露された指先の毛細血管が収縮して血液を流れにくくするためである．温かい血液が流れないため，指先は冷やされてゆく．しかし，ある程度まで下がると，通常は閉じて動脈血と静脈血が混ざらないようにしている動脈と静脈をつなぐ動静脈吻合枝にあるホイヤーグロッサー器官というバイパス器官が，一時的に開いて温かい血液を流し周囲を温める．そして，ホイヤーグロッサー器官が順次末梢まで開いてゆき，指先は温められる．しかし，しばらくすると，ホイヤーグロッサー器官が再び閉じて，指先温度は低下してゆく．ハンチング・テンパラチャー・リアクションとは，これを繰り返すことで指先が凍傷にかからないようにするための特殊な機能である．個人差も大きいが，年少時までの寒冷曝露により後天的に鍛えられることが知られている．小さいときにこの機能をトレーニングしておかないと凍傷にかかりやすい，ともいえる．

アジアンモンゴロイドの産熱の季節性

さらに，**図3.10**に示されるように，四季の変化に適応したアジアンモンゴロイド，とくに米を主食とする集団では，1年間を通して基礎代謝量（活動せずに最低限の生命活動を維持する代謝量，通常は起床時に仰臥の状態のままで呼気分析などにより測定する）が夏に向かって減少し，冬に向かって上昇してゆくという年周期を示す．

〈四季と生活〉

図の夏は1日の平均気温がもっとも高い日を意味し，冬はそれがもっとも低い日を意味している．産熱の式（49，81ページ）を思い出してもらいたいが，代謝産熱を減らすということは，食事を減らすことであり，これが夏に向けての食欲減退という現象になっている．食事を減らし代謝産熱を下げると産生されるATPも少なくなるため，筋作業などをするとすぐにばててしまう．これが夏ばてである．冬季に蓄えていた皮下脂肪もオーバーを着たままの状態と同じなのでどんどんと消費してしまう，すなわち夏やせし，その分，食事はいらないことになる．食欲がなく，体重が落ちてすぐへばるのだが，夏季に産熱を下げるために必要なことなのである．

また，冬に向かっては，代謝産熱を高めるために，必要産熱分以上にどんどん

第3章 適応のしくみと変異

図3.10 基礎代謝に及ぼす季節の影響

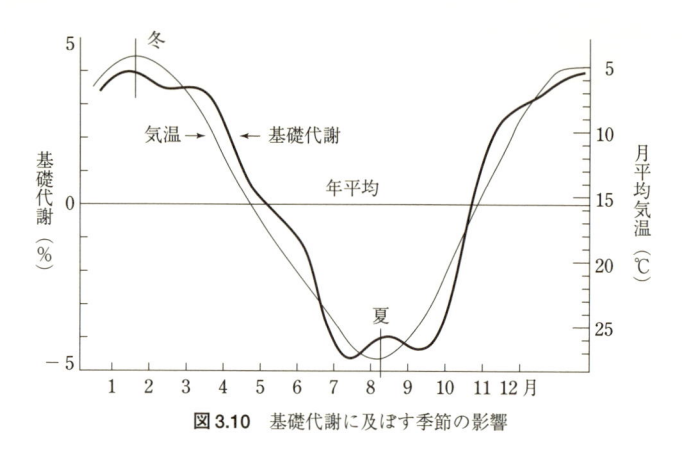

コラム

衣替え

　日本の衣替えの習慣は，平安時代に宮中の行事として始まった．当時は中国の風習にならって旧暦の4月1日と10月1日に行われ，夏装束と冬装束の着替えであるため，更衣と呼んでいた．鎌倉時代になると調度品なども替えるようになり，女房（貴婦人）は冬は桧扇，夏は蝙蝠（竹と紙でできた扇）と定められていた．これを衣装替えに対して調度替えと称した．江戸時代の武家社会ではさらに複雑化して，旧暦4月1日に冬の小袖を袷（裏地つきの着物）に替え，5月5日からは麻の単衣（裏地なしの着物）の帷子に替え，さらに8月16日からは生絹に，9月1日に再び袷にして，9月9日からは綿入れ（表地と裏地のあいだに綿を入れた着物）の小袖，さらに10月1日からは練り絹（練って柔らかにした絹布）の綿入れにと衣替えした．明治時代以降は，国家公務員の制服を新暦の6月1日と10月1日に替える制度が決められたが，庶民はほぼ6月1日に単衣，7月1日に薄物，9月1日に再び単衣，10月1日に袷にするなどしていた．冷暖房完備の現代では急速になくなりつつある習慣であるが，6月1日と10月1日（沖縄では5月1日と11月1日）に行われている．なお，平安時代，天皇の着替えをする女官の職名を更衣といい，のちに天皇の寝所に奉仕する女官で女御に次ぐ地位の者を更衣と呼ぶようになったので，庶民は更衣とはいわずに衣替えというようになった．また，神に対しても更衣をするとし，祭りとして伝えられている．島根県の熊野神社や福岡県の大宰府神社の更衣祭，東京の明治神宮や静岡県の浅間神社の御衣祭，滋賀県の御上神社の神御衣祭などである．重要なことは，四季の変化のある環境に住む人々は，こうして豊かな文化を用いてこの環境に適応しているということであり，このことが四季の変化のある地域の単調ではない多様な生活文化を生み出しているということである．

と食べて皮下脂肪として蓄える．食欲の秋であり，冬太りである．またATPが多量に産出されるので活動的となる．スポーツの秋である．また四季のある地域では，さまざまな果実や作物などの収穫と重なる．収穫祭などさまざまな祭りが四季の変化のある地域を彩ることになる．

　また，図3.10に示されるように，産熱が最低になる時点と最高になる時点は，気温が最高になる時点と最低になる時点よりも前にきている．フィードバック制御ではなくフィードフォワード制御（プロセス制御ともいう），すなわち気温の変化を見越したプログラムされた年周期なのである．その本態は，代謝速度を調節している甲状腺ホルモンの分泌量を年周期で調節していることによる．

　このため，初夏のまだ代謝産熱が低下しきらない時期のほうが真夏よりも暑さがつらく，また初秋のまだ代謝産熱が高くならない時期のほうが真冬よりも寒さがこたえるのである．この時期に合わせて，アジアンモンゴロイドは衣替えなど生活技術で適応してきた．しかし，こうした基礎代謝の年周期性も，食生活に季節性がなくなり，冷暖房完備で季節性がなくなってゆく現状でどこまで維持されているのかは追試されていない．

　以上が，四季の変化および寒冷環境への適応のしくみと，それからもたらされる形質であるが，四季の変化という独特の生活環境は，温度変化だけでなく植物の萌え出しや紅葉など色彩豊かな生活環境を生み出している．これらが，たとえば日本語に見られる多様な色の表現（萌黄色，浅葱色，若草色，茜色など）を生み出し，また季節の移り変わりに無常観を強めるなど，日本人の生活嗜好や感覚に反映されてきたと考えられる．

その他の寒冷適応方法

　アジアンモンゴロイドの仲間であるイヌイットたち（複数形はイヌイ）は，アザラシなど高タンパク質，高脂肪の食物を大量摂取することにより，大量の代謝産熱（1日当たりca7 000 kcal）を産出して極寒の地に適応してきたことが知られている．高産熱型での寒冷適応である．

　また，やはりアジアンモンゴロイドの仲間であるオーストラリアの先住民は，厳しく寒い夜，体の温度分布を変化させ，核体温（core temperature）と殻体温（shell temperature）に分け，殻体温をきわめて低くすることにより，外気温と

の差を少なくし，皮膚からのドライな放熱とくに伝導による放熱を極端に下げるというやり方で適応していた．ニュートンの冷却式（83ページ）を思い出してもらいたい．外界との温度差がなければ伝導による放熱はないのである．体表温低下型での寒冷適応である．たとえば，冬季のコイやキンギョなども，体表温度をほとんど水温と等しくしているために，体から伝導してゆく熱が少ないのである．

しかし，この両者の寒冷適応機能は，現在では冷暖房完備の世界共通の生活様式となっているため，どこまで保存されているかは定かでない．

四季の変化のあるモンスーン地帯（季節風帯）に住むアジアンモンゴロイドのもつ環境適応能力は最大であり，華僑の人々が中国人街を世界中につくることができた生理的背景である．アフリカンブラックや北方のヨーロピアンコーカソイドが世界中に自分たちのリトルワールドをつくることは難しいのである．

第4章 ── 変異と個性

構成 4.1で，変異とは何かについて，変異という概念と正常・異常という概念を対比することにより理解する．また，進化の機構としての変異の意味，すなわち変異，適応，進化の関係について理解する．次いで，形態と機能の変異は前章までに示しているので，それとは別の，とくにわれわれの生活に関係が深い感覚と運動についての変異（すなわち神経系についての変異，4.2）を理解する．そのうえで，ヒトの種内変異のなかで自分を位置づけ，個性を自覚（4.3）することにする．

目的 変異という概念と異常・正常という概念の違いを理解すること，およびヒトの変異の幅を，前章までの情報に加えて，感覚系と運動系の視点から理解し，自分を位置づけること．

到達目標 変異の概念を理解し，前章までの積み重ねであるから，人類が世界各地の環境にどのように適応し移住拡散していったのか，その結果としてどのような変異（多様性）をもつに至ったのかという前章までの情報に，この章の情報を加え，自分がこの変異のなかのどこに位置しているのかを実感する．とくに意識したいことは，人類（ヒト科）や（種としての）ヒトという群としてではなく，自分という個体を，実感をもって位置づけること．さらに自分が位置づけられたら，他人についても同等に位置づけること．これにより，自分と違う個人，あるいは自分の属する集団と異なる集団を，客観的な視点から見ることができるようになること．

第 4 章　変異と個性

4.1　変異とは何か

変異と異常

変異（variation）とは，生物が自然に生み出す群のなかの多様性である．すなわち，ある群内の形質や行動や心理のさまざまな相違を没価値的に見て変異という．

「没価値的」の意味を説明しよう．変異形質の違いは状況（ニッチェと言い換えてもよい）により多少なりとも生存活動に有利不利を生じ，適応価（adaptive value）すなわち環境に適応する度合いも異なってくる．適応価が変わらない変異を中立変異（neutral variation）というが，ニッチェにより適応価に多少の差が出ることは避けられない．たとえば，ABO式血液型は中立性が高い変異と考えられていたが，O型の人は体表温が他の血液型の人よりも高く蚊に刺されやすいため，マラリア流行地帯では不利となることが指摘された．すべての変異について適応価が異なると考えるのが自然であり，生きてゆくのに有利不利の差が出るのは自然なことである．有利不利にとらわれず，変異を変異としてみる立場が没価値的ということである．

変異には必ず生存上の有利不利の差が生じる．しかしこれは絶対的なものではない．すなわち，ある時点で適応価に差が出るとしても，それはニッチェによる

コラム

適応価

生物が環境に適応している度合いを評価して，適応価（adaptive value）あるいは生存価（survival value）や適応度（adaptive fitness）を用いることがある．ダーウィンが提唱したダーウィン適応度（Darwinian fitness）もその一つで，ある適応的形質を示す遺伝子が次世代に受け継がれる率をいうが，より簡便に，1個体が残す次世代の（生殖年齢に達する）個体数も使われる．集団遺伝学の立場から，ライト（S. Wright）は，ある基準の形質の淘汰値を1とし，対象とする形質の淘汰値を $(1+s)$ で示した場合，この s を淘汰係数（selective coefficient）と定義し，幾世代にもわたり個体数が変化してゆく場合に，この s をマルサス係数（Malthusian parameter）と呼ぶとした．

ものであり，ニッチェが変われば有利な者（あるいは形質）が不利になることも，その逆もある．そこで，こうした生存価の高低にとらわれない立場を没価値的というのである．適応価が高いか低いかを問わずに多様性を見る，ということである．

鎌型赤血球貧血症（sickle cell anemia）は，マラリア流行地域に見られる変異で，鎌型に変形した赤血球をもつ．この赤血球の酸素運搬能力は低いが，赤血球内で増殖するマラリア原虫（寄生虫学では単細胞の寄生虫を原虫という）にとって鎌型赤血球は住みにくく，そのためマラリアの発症が抑えられる．ニッチェによって通常不利な変異が有利となる例である．

変異には，遺伝的変異あるいは先天的変異（heritable variation）もあれば，トレーニングなどによる筋肥大（作業性肥大）などのような後天的変異あるいは獲得的変異（acquired variation）もある．身長などのような連続的変異（量的変異）もあれば，ABO 式血液型のような非連続的変異（質的変異）もある．形態的変異もあれば機能的変異もある．質的変異の場合の各変異の違いを，型（タイプ：type）という．

〈多型と突然変異〉

変異は出現頻度でも分類されており，100万分の1程度の出現頻度の場合を突然変異（mutation）という．突然変異とは出現頻度で定義された用語である．突然変異を奇妙なもの，異常なものという感覚でとらえてはいけない．出現頻度が1％を超え，突然頻度の繰返しでは維持できないレベルとなった場合を，多型現象（polymorphism）という．ABO 式血液型などは多型現象の例である．

〈正常と異常〉

変異ととらえるか，正常・異常ととらえるかは，概念の違いでもあるが，むしろ学問領域の違いでもある．臨床医学の場合，正常範囲と異常範囲を分けないと治療ができない．正常範囲の（したがって治療する必要のない）者に治療行為をすることに正当な理由がなくなるからである．臨床医学の場合，正常と異常を分けることは必要であり，臨床医学用語として異常個体や遺伝子異常などという用語も常用される．しかし，異常範囲がなく正常範囲ばかりになるのが自然でない場合の方が多い．

また，出現頻度が偏っている場合，出現頻度の高いものに対して低いものを

「異常」ということがある．全員が近視の集団内に，ひとり正常視力の人がいた場合，その人は異常個体といわれることもある．

しかし注意しておかなければならないのは，臨床医学で用いられるこれら正常・異常という用語は，良い・悪いあるいは価値がある・ないなどの意味を一切含んでいないということである．一方，日常語としての正常・異常にはこれらの概念が含まれており，不必要な差別を生み出す素地ともなっている．生物としての人類を扱う人類学（あるいは生物学一般）では，これら自然な多様性をすべて変異ととらえるのである．身長の高い・低いを正常・異常ととらえることは少ないかもしれないが，質的変異で出現頻度の少ないものを異常ととらえる固定観念はなかなか払拭されていない．このことは，変異が遺伝的である場合にはさらに顕著である．たとえばRh-型，色盲，血友病など，ニッチェにより生活面で不便が出るかもしれないが，これらはABO式血液型と同様に，没価値的に変異（換言すれば個性）ととらえることが重要なのである．

生物は，これら変異を積極的に生み出す機構をもっており，それが有性生殖である．オス・メスも性の変異であり，オスとメスの二つの性があることを二性性（bi-sexualism）という．性の型が多くなると冗長度（同じ情報量を伝えるのに繰返しや重複など無駄となる量を表す通信理論上の用語）が増し効率的でないため，二性性がよいことが情報理論により示されている．

進化のメカニズムとしての変異，適応

生物にとって，その群が幅広い変異をもっていることは，その群れの適応価を高めることになる．前述したように，ニッチェが変化した場合，それまで生存価が低かった個体の生存価が上がり，主群が絶滅した場合でも残りの個体が適応してゆける可能性があるからである．変異が広いということは適応的なのである．生物が適応放散した場合に変異を増やすことは前述したとおりであるが，これはとりもなおさず，その群の適応価を高める意味があるのである．この意味で本来，適応価は個体に用いるべきではない．また，個体の適応価は特定のニッチェにおける適応価と理解すべきであり，特定のニッチェにおいて適応価の高い個体から低い個体まで変異の幅が広いこと自体が群としての適応価を高めているといえる．さまざまな適応価をもつ幅広い変異を生み出すことが，その群の進化を途絶

えさせない要因である．適応して変異を生み出すと，変異が適応の可能性を広げる．このように，適応と変異は，進化を支える具体的機構であり，互いに相補的な機能を果たしている．自然人類学の三本柱といわれる人類を見る視点は，進化，適応，変異とされる．

4.2 感覚と運動の変異

感覚系の変異

人類進化に対応した形質の変異については，第3章で見てきたとおりである．以下，われわれの生活に関係の深い感覚と運動の変異，すなわち神経系の変異について見てみよう．

感覚には体性感覚（皮膚感覚，内臓感覚）と特殊感覚あるいは固有感覚（嗅覚，味覚，視覚，聴覚，平衡覚）がある（内臓痛覚を別とする考え方もある）．ここでは嗅覚，味覚，視覚のなかのとくに嗅盲，味盲，色盲という変異をとりあげる．とくにわれわれの生活と関連の深い変異だからである．

嗅覚と嗅盲

嗅覚は，鼻腔上部の嗅粘膜にある嗅細胞（嗅覚に関する1次神経細胞）が，臭い物質を受容タンパク質（receptor protein）で受け取り，その刺激を脳に伝えることにより発生する．約1000個ある嗅細胞からは，1細胞当たり約10本の嗅毛が出ており，その表面に受容タンパク質がある．嗅覚の伝導経路は以下のようである．すなわち，左右の嗅細胞群から左右の嗅球で2次神経細胞にシナプスし，嗅索から内側嗅条と外側嗅条に分かれ脳内に入り，脳の海馬や扁桃体などに伝えられ，原始記憶として蓄えられ，最終的には視床下部で処理されている．この部位はまた，快・不快など情動（emotion）とも関係しており，よい匂いがアロマセラピー効果をもたらしたり，嫌いな臭いが許しがたい不快感をもたらしたりする．

受容タンパク質がない場合，その臭いが嗅げないことになる．これを嗅盲（アノスミア：anosmia）という．正確には嗅盲にもさまざまな種類と段階があり，この場合は特異的嗅盲というが，ここではこれを嗅盲としておく．

〈嗅覚検査法〉

　嗅覚の検査法と嗅盲について概説する．ある揮発性物質（嗅覚のもとになる臭い物質）の100％溶液（あるいは飽和溶液）を蒸留水で2倍に薄め，これを繰り返して2倍希釈の系列を20本つくると，濃度は$1/2^{20}$となり，ほぼ蒸留水に等しくなる．これを薄いほうから嗅いでゆくと，「何か臭いがする」という段階の次（その2倍の濃度）が，その物質を特定できる濃度であり，これをそれぞれ，感覚閾値，識別閾値という．横軸に2倍希釈の系列，縦軸に判別閾値の度数（人数）をとると，どういう臭い物質についても二峰性の分布となる．薄いほうで感じる峰に属する人は正常であり，濃いほうでしか感じない峰に属する人を嗅盲という．嗅盲の人はその臭い物質に対する受容タンパク質がなく，本来の受容タンパク質ではない別の受容タンパク質に受け取られていると考えられている．受容タンパク質がないということは，そのタンパク質をつくる遺伝子がないということであり，嗅盲実験では遺伝子頻度を計算できる．

〈花の匂い〉

　ヒトがもっている受容タンパク質の種類は300～1 000種類といわれ，それだけの種類の臭いが嗅げるわけだが，その種類は人によってかなり異なる．花の匂いに対する受容タンパク質の種類も人によってかなり異なる．すなわち，どの臭い物質にも嗅盲があり，どの人にも嗅盲となる物質が多種類あることになる．人はそれぞれ違う臭いの世界に住んでいるのである．このことは，一つの花の匂いを複数の人で嗅いだとき，嗅げる人と嗅げない人に分かれることからも実感できる．自分の，嗅げる花と嗅げない花を知っておくことは，匂いを楽しむために必要なことである．以下，いくつかの匂いについて述べよう．

〈不思議な匂い，麝香〉

　麝香（musk）は香りがよく，香水などに用いられるが，動物に広く存在する物質である．ジャコウジカ，ジャコウウシ，ジャコウネコ，ジャコウイヌ，ジャコウネズミなど哺乳類のほか，ジャコウガモ，ジャコウアゲハなども麝香を出す．ちなみに，植物にも麝香の名のつくものはたくさんある．ジャコウエンドウ（スイートピー），アシタカジャコウソウ，タチジャコウソウ，ジャコウナデシコ（カーネーション），などである．しかし本来，麝香は動物のオスがメスを誘引するために用いる性的誘引物質（sexual attractant）である．性フェロモン（sex pheromone）ともいう．発情期のジャコウジカのオスが出す麝香の匂いに，排卵期のメスが特異的に感受性を高めてオスのところに誘引される．ヒトの男性は麝香を分泌しないが，アムーア（John E. Amoore）の報告によれば，ヒトの女性でも排卵期に麝香に対して感受性を高める（嗅覚閾値が下がる）ことが示されている．

なお，性的誘引物質については通常の嗅粘膜ではなく，ヤコブソン器官（Jacobson's organ）あるいは鋤鼻器官（vomeronasal organ）と呼ばれる部位で判別されているともいわれている．

〈日本人と酢の臭い〉

酸臭や酸味が哺乳類にとって腐敗臭や腐敗味であることはすでに述べたが，腐敗臭の一種である酢（酢酸，acetic acid）について見ると，ヨーロピアンコーカソイドの嗅盲頻度は約2～3％であるが，アフリカンブラックは約0.2～0.3％と嗅盲頻度が低く，またヨーロピアンコーカソイドよりも閾値が低い，すなわち鋭敏なのである．ある報告によると，日本人の酢についての嗅盲頻度は約40％であるという．精度の悪い実験ではあるが，この数値はきわめて高い．しかも，同時に行われた嗜好調査で寿司通と自認する人たちが，100％の酢酸と，同じように刺激臭をもつ塩酸とを区別できなかったという．食品が腐敗しやすい日本の環境で，酢による腐敗防止法として寿司や酢の物が発達した背景に，日本人の酢に対する異常に高い嗅盲頻度があると考えられる．酢に対する嗅盲頻度の低い他の国々では，唐辛子やカレー粉などを腐敗防止用に用いたのであろう．

さらに，生活に関連する臭い物質としては，牛乳の腐敗臭やガスにつけられている臭いなどがあるが，これらが嗅げるかどうかは，受容タンパク質をつくる遺伝子があるかないかによるため遺伝する．自分の嗅げる匂いと嗅げない匂いを知

―― コラム ――

嗅覚と脳

嗅神経は，鼻腔の嗅粘膜に嗅毛を出している．人体で神経細胞がむき出しとなっているのは嗅粘膜のところだけであり，嗅覚は脳に直接刺激を与えることができる唯一の感覚である．そのため，ボクシングなどで殴られて頭がふらふらになったときなど，インターバルの間にアンモニアなど強い刺激臭を嗅がせて脳を覚ますのである．ちなみに，刺激臭は嗅神経のほかに三叉神経も関与している．

第4章　変異と個性

っておくことは生活上重要なことであり，受容タンパク質があるかないかは遺伝子があるかないかによっているため，配偶者との関係で子供の嗅げる匂いと嗅げない匂いにもかかわってくる．腐ったものの臭いが嗅げるかどうかなど，生活にかかわる臭いについて留意しておくとよい．

味覚と味盲

　味覚は，すでに説明した4種類の基本味（甘味，酸味，苦味，塩味，ヘニングの味の正四面体）を舌の味蕾（taste bud）で感じとる．甘味は舌先部，酸味は舌側部，苦味は舌根部，塩味は舌全体で主として感じるが，個人差が大きい．味蕾は基本味の特定物質に強く反応することが知られている．甘味についてはショ糖，ブドウ糖など，酸味は塩酸，酢酸，クエン酸など，苦味は硫酸キニーネ，カフェイン，ニコチンなど，塩味は塩化ナトリウム，塩化リチウムなどである．味蕾は舌前方部にある茸状乳頭，舌縁後部の葉状乳頭，舌根部の有郭乳頭のほか，軟口蓋（口腔の奥上部）や咽頭および喉頭にもある．茸状乳頭は顔面神経の枝である鼓索神経支配（舌の前2/3部分），葉状乳頭と有郭乳頭は舌咽神経の舌枝支配，軟口蓋は顔面神経の枝の大浅錐体神経支配，咽頭および喉頭は迷走神経の咽頭枝の支配である．

　味覚の発生機序は不明な点が多いが，味覚にも嗅覚と同様に味盲（taste blindness）がある．嗅覚と同様に濃度を変えた試験液を舌に垂らすことにより，濃くないと感じない味盲群を見つけることができる．

コラム

匂いと原始記憶

　嗅覚は脳での原始記憶と結びついており，快・不快など情動を引き起こすことになる．脳で統合され知覚される味とは，嗅覚と味覚と，さらに硬い・柔らかいや熱い・冷たいなどの口腔内感覚が合わさったものであるが，嗅覚が重要であるため，やはり快・不快と結びつくことになる．おいしい食べ物は安心と幸福をもたらしてくれるものであり，脳の発達した人類がおいしい食を求めて料理という技術を高めてきた背景がここにある．また，新婚家庭で「この味噌汁は母さんの味噌汁の味じゃない！」と喧嘩になるとすれば，これは，本人が安心と結びつけていた味とは違う味を感じて本能的に不安になったためなのである．

脳で感じる味

　ここで強調したいのは，食べ物の味は舌で感じる味覚ではない，ということである．嗅覚を働かせないように鼻をつまんで舌の上に食べ物をおくと，味覚は働いているが味はほとんどしない．これは，鼻をつまんだために鼻腔内の空気が移動できず，臭い物質が上がってこられないため嗅覚が働かないからである．つまんでいた鼻を離すと突然味が感じられる．臭いが回復したのである．冷たい食べ物より温かい，すなわち臭い物質が蒸散しやすい食べ物のほうがおいしいわけである．「ご馳走」とは，中国の宮廷で厨房から冷めないように走ってもってゆくことを意味している．

　この脳で感じている味は，四つの基本味の味覚よりも1000種類にも及ぶ嗅覚により支えられているといえる．嗅神経にしろ，味覚に関係する神経にしろ，神経細胞に発生しているインパルスを感覚（sensation），それが脳で統合され質と強度と時間を判断した場合を知覚（perception），さらに記憶やさまざまな判断などと結びついた場合を認知（apperception）という．味は，神経細胞レベルでの感覚ではなく，脳で感じている知覚や認知である．これがさらに臭いの原始記憶などともつながり，懐かしい味やおふくろの味になるのである．

　四つの基本味に加え，旨味がある．これはイノシン酸やグルタミン酸などアミノ酸による感覚である．認知としての味には，「雑味」や日本酒の「ふけ味」など，さまざまな表現に対応した脳で感じる味が考えられる．

　ここで述べたいことは，食べ物を食べて感じる総合的な味は，嗅神経，三叉神経，顔面神経，舌咽神経，迷走神経などからの感覚を脳で統合した知覚や認知であり，個人個人によって異なる変異をもつものである，ということである．おいしいものはおいしいと知覚する人にとってはおいしいのであり，まずいと思う人にとってはまずいのである．これが脳での味覚（すなわち知覚や認知）の多様性を生み出しており，われわれ人類の多様な食文化を生み出しているのである．

視覚と色盲

　視覚には，形を見分ける形態覚，色を見分ける色覚，距離を見分ける立体覚，動きを見分ける運動覚がある．嗅覚や味覚に嗅盲や味盲があるように，色覚に色盲がある．

第4章 変異と個性

網膜には,桿体細胞(かんたい)(rod cell)と錐体細胞(すいたい)(cone cell)がある.桿体細胞は形態覚に関与し,ロドプシン(rhodopsin)という視物質(visual substance)をもっている.ロドプシンは,500 nm(緑)の光があたると(正確にはこの波長に最大吸収スペクトルをもつという意味である),レチナールとオプシンに分解され,これが刺激となり光を感じることになる.錐体細胞には,560 nm(赤),530 nm(緑),420 nm(青)に最大吸収スペクトルをもつ(その波長を最もよく吸収するという意味)視物質(イオドプシン:iodopsin)があり,この視物質の分解により赤,緑,青が見え,この組合せ(詳細は省略するが,ヤング・ヘルムホルツの3原色説・ヘリングの反対色説・バロワらの段階説)によりさまざまな色が見え,自然界には存在しない赤紫まで見る(知覚する)ことができる.赤と紫は可視領域の両端にあり,波長はマンセル色相のように循環はしておらず,赤紫などという波長は自然界に存在しない.

〈色盲の種類と出現頻度〉

赤(Red),緑(Green),青(Blue)に対応する視物質(オプシンがレチナールに結合している)のオプシンを,ここではR, G, Bで表すことにする.RとGをつくる遺伝子はX染色体上にあり,Bをつくる遺伝子は第7番染色体上にある.Bをつくる遺伝子の欠損(青色盲)はまれであるが,R, Gをつくる遺伝子の欠損(赤色盲,緑色盲)は男子で約5%(黒人2%,白人8%,北欧人10%)に及ぶ.女子では約0.3%(男子の出現頻度のほぼ2乗)程度である.赤色盲,緑色盲はそれぞれ赤,緑が見えないのではない.赤色盲ではGとBの分解程度により赤に近い色までのそれぞれの色を判別しているが,光が弱くなるとGとBの分解量が少なくなり,赤が他の色と見分けにくくなる.緑色盲ではRとBの分解程度により緑を含むそれぞれの色を判別しているが,光が弱くなるとRとBの分解量が少なくなり,緑が他の色と見分けにくくなる.R, G, Bをもっている者でも,夕方など全体の光量が少なくなるとR, G, Bの組合せで色が(脳のなかで)つくりにくくなり,全体が灰色に見えてしまう.これを生理的色盲という.

〈視物質の進化〉

桿体のロドプシンはca8億年前(ca8 km)頃に手に入れた物質であり,古生代開始以前に,多くの動物群が形態覚を備えていたと推定できる.ca6億年前

> **コラム**
>
> ### 偉大な色盲の化学者
>
> イギリスの化学者ドールトン（John Dalton，ダルトンとも記される）は家が貧しく小学校を出たあとは独学で研究を進めた学者であるが，実験も巧みであった．子供のころ友人の家に遊びにいったとき，その母親に左右の靴下の色が違うことを指摘され色盲であることに気がついた．ドールトンは原子量の概念を確立し，定比例の法則を発展させて倍数比例の法則を定式化するなど，近代化学の発展に大いに寄与したが，色盲についても研究したので，色盲のことを Daltonism ともいう．

（ca6 km），古生代の始まりの時期であるが，この頃に R と G の混合オプシン（mix L ともいう．L は長波長 long wave length を意味している）と B オプシン（S ともいう．短波長 short wave length を意味している）がつくられた．古生代初期の脊椎動物たちは，形態覚ほか，R と G の混合色と B の2色系で色の世界を見ていたわけである．南米の新世界猿はこの段階のままであるが，人類を含む広義の旧世界猿と新世界猿が分かれたのち，すなわち ca4000 万年前（ca400 m）以降に，R と G の混合オプシンは R オプシン（同様に L という）と G オプシン（M ともいう．中波長 middle wave length を意味している）に分かれ，人類を含む旧世界猿は R・G・B の3色系で色の世界を見ることになった．今後さらにオプシンの種類が増え，4色系や5色系で世界を見ることになるかどうかは不明であるが，現時点では，ヒトは色覚としては，1色系，2色系，そして3色系の非連続的変異があるといえる．色盲の人にとって交通信号が見分けにくい場合があるのは色覚のみに頼る信号器だからであり，赤は「※形」，黄色は「△形」，青は「○形」とすれば，形態覚も加えることになるので確実に判別できるようになる．ぜひ推奨したい．

〈色覚と形態覚〉

色盲頻度の高いオーストラリア先住民の人たちは，隠し絵が巧みである．色覚が低下している補償作用として形態覚に優れたのではないかといわれているが，光量の少ない亜熱帯雨林のなかでは色覚よりも形態覚が必要とされたためかもしれない．補償作用としてこういうことがあるとすれば，色盲の人は夕暮れ時などでも，物陰に隠れた人影を発見しやすく，運転者としては優れている面があるのかもしれない．絵を描くときのデッサンを鉛筆で，すなわち1色で描くことは，

物の陰影をより正確に把握するのに役立っていると思われる．カラー写真よりも白黒写真のほうがより立体的に見えるのも，色覚をあえてなくして立体覚の補償作用を高めたためかもしれない．

感覚の変異には，まだいろいろあるが，形質の変異に加えて，こうした感覚の変異も自分の個性として認識すべきである．

運動系の変異

運動能力には，筋力，筋収縮スピード，筋持久力，全身持久力，柔軟性，調整能力など，いくつかの要素が関係し，これらの総合として各運動種目の成績につながっている．運動が得意な人も苦手な人もいて，それぞれがこの変異のなかにいるわけである．

運動系のすべてを記すことはできないので，筋系，呼吸循環系，体温調節系についての変異項目のいくつかを列記しておく．骨格系については体格，体型についての記載から演繹してほしい．

筋量という主たる産熱組織の量についても 3.1（80 ページ「体組成」）を参照してもらうとして，筋の弾力は柔軟性にかかわることを指摘しておく．日常，柔軟性がないことを「関節が硬い」などと表現するが，関節を構成する骨格はほとんど柔軟性には関与せず，関節をとりまく靭帯や，なかでも関節運動に関与する筋自体の伸展度が柔軟性に大きくかかわっている．したがって，関節の柔軟性に関しては，後天的にかなり変更しうる運動能力といえる．

また，腱の長さの違いが瞬発力や持久走でのエネルギー消費の違いに関係することを述べておく．

しかし，筋の収縮速度や筋自体の持久力については，筋線維すなわち筋細胞の特性によるところが大きい．

筋線維タイプ

表 4.1 に示すように，筋線維タイプには 3 種類あり，持久的な運動で主として使われる SO タイプ，持久的な要素と瞬発的な要素を併せ持つ FOG タイプ，瞬発的な運動で主として使われる FG タイプに分けられる．これらの筋線維数は先天的なものであり，筋線維数を変えることはできないが，それぞれの筋線維の太

さを変えて能力を増すことはできる．また，筋繊維内の酵素活性を変えて能力を高めることはできる．これが練習であり，個人が本来もつ特性を望む方向にある程度変えることはできる．

呼吸循環系

呼吸循環系の変異は全身持久力に関係する変異であると考えられる．呼吸（respiration）とは，外界の気（spirit）を吸気（inspire：名詞はinspiration）動作と呼気（expire）動作を繰り返すことにより肺内の空気を入れ替えて血液中のガス（酸素および二酸化炭素）交換を行う外呼吸（external respiration）と，血液中の酸素を細胞内のミトコンドリア内に取り込んで行うTCA回路における代謝という内呼吸（internal respiration）に分けられる．したがって，外呼吸にかかわる肺活量（vital volume）や運動中の一回換気量（tidal volume）の能力と，細胞内でのTCA回路にかかわる酵素の活性などが全身持久力に関係することになる．

表4.1 筋線維タイプ

	赤筋	中間筋	白筋
	遅筋	速筋	速筋
	SO	FOG	FG
タイプ	I	IIA	IIB
単収縮速度	遅い	速い	速い
収縮力	弱い	中間	強い
持続性	持続的	中間	短い
疲労性	遅い	中間	早い
直径	小	中間	大
終板	単純	中間	複雑
Z膜	広い	中間	狭い
ミトコンドリア	大・多い	多い	小・少ない
ミオグロビン	多い	中間	少ない
グリコーゲン	少ない	中間	多い
筋小胞体	少ない	多い	多い
カルシウム	少ない	多い	多い
中性脂肪	多い	中間	少ない
毛細血管	密	密	疎
酸化酵素活性	高い	中間	低い
解糖活性	低い	中間	高い

(注) S ： slow twitch，収縮が遅い
F ： fast twitch，収縮が速い
O ： oxydative，有酸素的エネルギー供給で持久的
G ： glycolitic，無酸素的・解糖系エネルギー供給で非持久的

運動競技におけるトレーニングとは，これら外呼吸能力と内呼吸能力の向上を目指す目的で行われるものであるが，基本的に低酸素状態をつくり，それに対して適応するよう形態および機能を変化させるのである．日常環境として低酸素状態である高地などでは（気圧が低いため絶対的な酸素量は少ないが，相対的な割合である酸素濃度は低地と変わらない），この環境に適応して，外呼吸的には換気量を増し肺内空気量を増加させるために胸郭が拡大し樽型胸郭（barrel-shaped

第4章 変異と個性

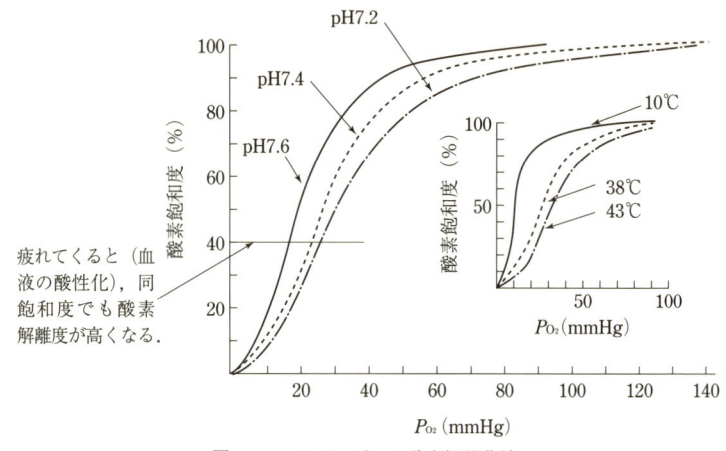

図4.1 ヘモグロビンの酸素解離曲線

（グラフ内注釈：pH7.2, pH7.4, pH7.6／10℃, 38℃, 43℃／酸素飽和度(%)／P_{O_2}(mmHg)／疲れてくると（血液の酸性化），同飽和度でも酸素解離度が高くなる．）

chest）となったりする．南米アンデス高原に住むインディオたちがこの樽型胸郭をもつ典型的な例である．

また，内呼吸的には，図4.1に示すヘモグロビンの酸素運搬能力および末梢組織での酸素解離能力（酸素を離す能力）が変化し，低酸素状態でも有効に酸素運搬を行うことができる．マラソン競技などにおける高地トレーニングは，こうした低酸素環境への適応を目指したものである．

体温調節系

体温調節系の変異も全身持久力に関係する変異と考えられる．これに関しては，すでに述べた発汗能力が大きくかかわっているが，体内の水分代謝，より具体的に述べると脱水状態にならないよう代謝水をつくり出す能力，および体液pHを一定（恒常性：homeostasis）に保つ能力などがかかわっているといえる．全身持久力には，筋で産生される乳酸に対する耐性なども関係する．

霊長類の特性として（樹上生活でのさまざまな姿勢（体位と構え）を制御し），また人類の特性として（発汗能力が高く全身持久力に優れるため）さまざまな運動を楽しむ人類は，豊かな運動の文化もつくりあげてきた．自分個人の運動能力を，この人類の変異のなかに位置づけることも自己理解の一つである．

付け足しとなるが，ほかに，記憶力や計算能力などさまざまな脳での作業，さ

---コラム---

性の変異

　ヒトの場合，第23対目の2本の染色体を性染色体という．ヒトも含め哺乳類では，この性染色体2種類をX染色体とY染色体と名づけている．Y染色体上には男性化するための遺伝子が載っており，基本形であり原型である女性型からY染色体がY染色体をもつその個体を男性化してゆくのである．XXをもつもの（多くの女）とXYをもつもの（多くの男）が大半を占めるが，減数分裂の際に不分離を起こすと，XO（ターナー症候群），XXX（超女性），XXY（クラインフェルター症候群），XYY（超男性）などのほか，XXXX, XXXY, XYYYなど多様な性変異が生まれる．「O（オー，あるいはゼロと読む）」は相同染色体がないことを示す．Y染色体はなくても生きてゆけるが，X染色体はないと生きてゆけない．染色体の組合せとしては最高6本までの組合せも知られており，性染色体の組合せはすべて見つかっているわけではないが，42種類の性の型がある可能性がある．また，性発現の過程で性の特徴は連続変異であると考えてよく，脳の男性化も連続変異であるので，極言すれば，性はヒトの数ほどあるともいえる．

らには美的感覚や詩情などさまざまな精神能力（神経系の能力）にも変異がある．これらの変異を実感し，個性として自分を位置づけることが必要なのである．

4.3　ヒトの種内変異と個性

　ヒトの種内変異として，人種特徴のアフリカンブラック，ヨーロピアンコーカソイド，アジアンモンゴロイドそれぞれの集団特徴はすでに述べた．文化的変異としての民族については割愛するが，それぞれの文化をもつに至る生物学的特性がそれぞれの群にはあり，それはとりもなおさずその群が人類の変異のなかでもつ生物学的特性であるということである．
　ここでは，染色体の組合せから見る変異と個性について考えてもらいたい．
　ヒトの染色体は，通常23対46本である．各対にある，ほぼ同様の内容をもつ2本の染色体を相同染色体という．この本数にも変異があり，各対の相同染色体が1本しかない場合，通常の2本である場合，3本である場合，頻度は下がるが4本以上となる場合（最大6本まで知られている）などの変異がある．23対46本以外の場合を，臨床医学では染色体数の異常という．

第4章　変異と個性

〈ユニークな1個体——個性〉

　ここではヒトの染色体を23対46本として，1組の夫婦から生じる染色体の組合せ（場合の数）を考えてみる．

　1人の母親が卵子をつくり出す場合，第1対目の2本の相同染色体（片方はこの母親の父親由来，片方はこの母親の母親由来である）は，卵子をつくる減数分裂という過程で，それぞれ分かれて二つの卵子に入る．ここまでで，2種類の異なる卵子ができることになる．2^1 である．第2対目の2本の相同染色体も，それとは独立に，それぞれ分かれて二つの卵子に入る．ここまでで，数学的には4種類の卵子ができる可能性がある．2^2 である．同様に23対の染色体がそれぞれに分かれると，2^{23}，すなわち 8 388 608 種類，約840万種類の卵子ができることになる．父親がつくる精子も同様に，約840万種類できることになる．1組の夫婦がつくりうる1子の染色体の組合せの種類は，これを掛けた数となり $2^{23} \times 2^{23} = 2^{46} = $ 約 7×10^{13}，すなわち70兆である．1組の夫婦で，これまでの全人類を生み出してもまだ足りないくらいの染色体の組合せを生じるのである．生まれる子供には，それだけの変異があるといってもよい．それぞれ一人ひとりは，この膨大な組合せのなかから生まれた一人なのである．また，異なる染色体の組合せをもつ夫婦が無数にいて子供をつくっているわけであるから，それぞれ一人ひとりは，さらに広い変異のなかのユニークな1個体ということができる．一卵性双生児の場合を除いて，今まで自分と同じ染色体の組合せ（すなわち同じ遺伝子内容）をもつ個体は一人としていないのである．これが，さまざまな形態と機能の変異のなかのそれぞれの個性なのである．

第 5 章 — ヒトらしさ

構成 ヒトらしさを生み出す最大の原因である直立二足という体制（5.1）についてもう一度整理したあと，5.2 で直立二足姿勢の維持機構，5.3 で直立二足歩行について理解し，すでにヒト科の特徴としてまとめた直立二足から生じる内容を，5.4 で他の動物と比較した際のヒトらしさ，という観点から理解する．そして 5.5 では，人型ロボットが身近な存在となる近未来社会におけるヒトらしさの問題について考えてみる．

目的 ヒトらしさの内容を，他の動物と比較して理解する．

到達目標 これまでさまざまな観点から学んできたヒトらしさ，人間らしさについて，その生物学的基礎が理解できるようになること．人間のもつ価値観の生物学的背景が理解できるようになること．他の動物についても，その動物らしさ，およびその動物の価値観が推定できるようになること．

第5章 ヒトらしさ

5.1 ヒトらしさの原点としての直立二足

直立二足の定義と要素

人類を理解するための原点となる直立二足という体制（body system）について，特徴を整理してみる．直立二足の定義にかかわる内容と理解してもよい．

人類はそれまでの四足型やチンパンジーなどの半直立型から，直立二足と呼ばれる体制となった．そのために，体の各部位を変形（あるいは各節間の角度を変化）させた．

〈骨盤〉

まず要（かなめ）となるのは「骨盤回転」である．下肢と骨盤の相対角度を，骨盤を固定したと仮定すると，股関節で下肢を伸展させる方向に回転したのである．一時的であれば，多くの哺乳類においてこの段階の変形（構え）はできる．これは，哺乳類の後肢の蹴（け）り出しの形であるから容易なのである．

「骨盤回転」にともない「骨盤変形」も起きた．上部が広がり，下部が狭まり内臓を支えたのである．この「内臓支え型骨盤変形」は人類固有である．なお，以下，直立二足の要素となる形態特徴のいくつかに勝手な名前をつけたが，便宜的な呼び名であり，著者自身，よい呼び名と思わないものも多いが，ご了解いただきたい．呼び名をつけないと説明がしづらいからである．

〈脊柱〉

「骨盤回転」にともない，「脊柱（せきちゅう）直立」が起きた．しかし，まっすぐな柱のように直立したわけではなく，腰部前湾（ぜんわん），胸部後湾（こうわん），頸部前湾と連続してＳ状湾曲し，また自然な側方湾曲も生じた．これを「Ｓ状湾曲型脊柱（体幹部）直立」と名づける．サル回しのニホンザルは，厳しい二足直立訓練の結果として，この「Ｓ状湾曲型脊柱直立」のうち腰部前湾までを獲得することができる．Ｓ状湾曲型でなく脊柱を直立させるだけならば，一時的であれば多くの動物が行うことができる．ペンギン科などもその例であり，「ペンギン型体幹部直立」と名づけておく．また多くの頭の長い鳥類などで「湾曲型頸部直立」をもつものがいる．ダチョウもその例である．

5.1 ヒトらしさの原点としての直立二足

〈頭部〉

頭骨と脊椎のつなぎ目となる大後頭孔（脳から脊髄への通り道）は，直立二足にともない，頭骨の後方から下方に移動した．「大後頭孔下方位」と名づけておく．これも人類固有である．なお，この際，眼軸を水平に保った状態での「大後頭孔下方位」であり，眼軸を水平にせずに頭部の体位として「大後頭孔下方位」とすることは，すべての動物でできる．

〈胸郭〉

胸郭は，二足歩行を効率化するために，左右方向扁平型から「腹背方向扁平型胸郭」となった．これにともない，上肢は下垂した．ただ下垂しただけでなく，体重支持機能を担わずにすむため，肘関節で伸展して下垂した．これを「上肢伸展下垂」とする．また，胸郭が腹背扁平型となったので，上肢は体側部へと移動した．これを加えて「体側位上肢伸展下垂」とする．イヌなどは見た目上の直立をした際，前肢は体幹の前方（腹側）にきて下垂せず幽霊手（こんな言葉はないが）となる．

次に，骨盤から下方に向かって見てみる．「尾がない」ことは脊柱を直立させるのにかなり有利に働いたと考えられる．このことはすでに述べたが，直立獲得の前提条件として再度強調しておきたい．尾の短いニホンザルや，尾をなくした類人類（テナガザル，オランウータン，ゴリラ，チンパンジー）の仲間が，一時的であれば容易に体位としての「骨盤回転」して，見た目上の直立ができるのはこのためである．

また，ある意味で「骨盤変形」し「骨盤回転」しているのは鰭脚目（アザラシやオットセイなど）や海牛目（ジュゴンやマナティーなど）であり，水中で浮力により体支持が確保できれば，容易に見た目上の体幹部直立ができる．また，脊柱の柔軟性が高いために，陸上でも体幹前方部を背屈して部分的に直立することができる．注意すべきは，彼らが水中から半身を出して見た目上の体直立をしているのは，水中で横向きに移動している場合と同じ構え（体の各節の相対的位置関係：attitude）は同じであり，ただ体位（体の長軸が重力方向とどういう位置関係にあるか：position）が違うだけということである．姿勢（posture）は体位と構えの組合せであることは前記した．

第5章　ヒトらしさ

〈大腿〉

　四足獣では大腿骨は重力方向に対して斜めの体位となっているが，人類の大腿骨はほぼ垂直の体位となっている．股関節での伸展位置が基準位（静止状態での基本的位置）となったヒトの大腿骨は，体重を長軸方向に圧縮力として受けることになり，構造的には強くなった．曲げの力より圧縮の力のほうが骨には耐えやすいのである．「大腿骨下垂」である．

　カエルなどでは大腿骨は基準位として上向きに骨盤についており，サンショウウオや多くの爬虫類では水平に突き出る形となり，哺乳類では骨盤の前下方斜めに向いて，ハムストリングと総称される筋（ウマの丸い尻にある筋群）が骨盤から大腿骨後面について，静止状態で，ばね機能をもって立っているのである．そのため，大腿骨には曲げの力が加わり，基本的に太くて短い大腿骨となっている．一方，人類の大腿骨は比較的細くて長い形となる．ただし，下肢骨の形態を考える際には，最大運動時の加重や歪みを考えるべきである．形態や生理的機能についても，最大運動に耐えられるよう設計されており，静止状態からのみの解釈ではその形質は理解できない．

〈下腿〉

　まっすぐ下に伸びた大腿骨の真下に，下腿骨がくる（下腿骨下垂）．下腿骨には脛骨と腓骨があるが，1本の骨（脛骨あるいは腓骨）が大腿骨のように圧縮の力を受けて体重を支えたほうが構造的に安定なので，人類では脛骨が大きくなり，大腿骨の真下にきている．「脛骨優位体支持」とする．前腕においても同様である．

　しかし，他の四足獣では別な理由により下腿骨（前腕骨も）が「1骨優位」になっている．前腕部および下腿部の2本の骨は，一方が一方に（撓骨が尺骨に，腓骨が脛骨に）に交叉状に重なることにより回内・回外（ヒトでいえば，肘を固定して手のひらを上に向けたり下に向けたりする動作）ができる．霊長類にとってこの特徴は手足でさまざまな方向にある枝をつかむのに有利であるが，四足で体重支持をする動物にとっては前腕部および下腿部が回内・回外してしまい，歩行時にしっかりと支えられないため不利である．そのため，（とくに大型の）四足獣では，これら2本の骨のうち1本が退化し，回内・回外しない1本の骨として機能するよう「1骨優位」にしたのである．

5.1 ヒトらしさの原点としての直立二足

また，四足獣の場合，前腕骨・下腿骨は，それぞれ上腕骨・大腿骨と逆向きに配置され，静止立位状態でばね機能をもっている．ちなみにウマの場合，前肢では尺骨が退化して撓骨に融合し，後肢では腓骨が退化し脛骨が強大となっている．霊長類である人類は，まだ幾分か回内・回外できる脛骨と腓骨を強い靭帯でつなぎ止めて機能的に1本の骨となるよう対処しているのだが，回内状態，すなわち足底をあぐらをかくときのような方向に向けて着地して捻挫してしまうことがある．人類では，この回内・回外機能が残存する下肢の2本の骨のうちの1本すなわち脛骨に優先的に体重支持をさせている，しかも直立している，という点で，他の四足獣とは別な理由で「1骨優位」になっているのである．

〈膝のロック機構〉

大腿骨と脛骨は一直線上に配置されることになり，下腿にも長軸方向に体重がかかることになる．また，大腿骨と脛骨が一直線となることは，膝関節が180度伸展しているということである．「膝関節直線伸展」とする．蹲踞姿勢をとっているペンギンも二本足で歩くイヌやチンパンジーも，「膝関節直線伸展」はできていない．これも人類固有の直立姿勢の特徴である．

それだけではない．大腿骨下端の脛骨と関節する丸い塊りは内側顆，外側顆と呼ばれるが，内側顆は一つの丸みをもち，外側顆は二つの丸みをもっていて「膝関節直線伸展」した場合には3点で脛骨の上に乗ることになる．この3点支持が「膝関節のロック機構」であり，ロックされていれば，膝を伸展する筋（大腿四頭筋）をほとんど使わずに直立できる．ロックされている膝を後ろから押したとき，大腿四頭筋が弛緩しているために体重が支えられず崩れ落ちそうになるのである．なお，膝関節を曲げた場合は内側顆・外側顆それぞれ一つ（合わせて二つ）の丸みでなめらかに屈曲できるのである．

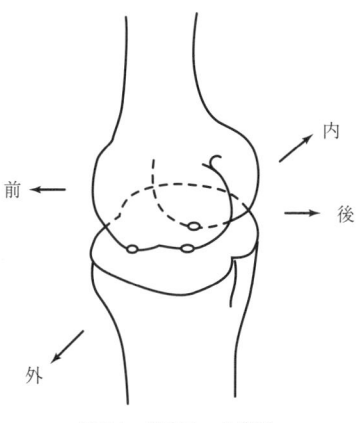

図5.1 膝のロック機構

〈足と歩行〉

解剖学的には，足首より先を「足」という．人類の場合には二足性（bipedality）という言葉でよいが，鳥類などを「二足性」というのは正しくない．そこで本書では，これを「二脚性」とし，二脚で体支持をすることを「二脚支持」とする．「二足性」は人類固有であり，「二脚性」であれば鳥類をはじめ，カンガルーや幾種類かの恐竜も「二脚性」をもっている．

　人類のもつ「二足性」の際立った特徴は「踵接地（かかとせっち）」である．人類を除くほぼすべての哺乳類で踵は上向きについており，「踵接地」は人類固有である．比較的近いといえるのはゾウである．ゾウの踵は大きな軟部組織の上に乗っており，ハイヒールをはいた状態のように踵は高い位置にあるが，ヒトの踵の軟部組織が巨大になった状態といえなくもない．人類の歩行は「踵接地」を含む足底面全体を接地して歩行する足底歩行（そくてい）（plantar-grade）であり，趾（あしゆび）と中足骨部（あるいは指と中手骨部）まで着いて足根骨（あるいは手根骨）を上げるクマなどの足蹠歩行（そくしょ）（これも plantar-grade という）や，指を曲げ指先と指の付け根を着くサルや指先だけを着くウマなどの趾行（しこう）（phalange-grade）とは異なる．歩行はさておくとして，人類はこの踵接地を含む足底面による体支持すなわち「足底面体支持」による直立であり，重心が足底面を通っている．これを「二足性」のもつ内容とする．

　直立の定義とは，体のどの部位がどうなっていれば直立とするかという定義自体にかかわっており，言葉遊びになりかねない．人類とまったく同じ直立は，体制の異なる他の動物ではあり得ないのであるから，直立を議論する場合には，人類の直立を構成する以上の要素，すなわち「骨盤回転」「内臓支え型骨盤変形」「S状湾曲型体幹部直立」「大後頭孔下方位」「腹背方向扁平型胸郭」「体側位上肢伸展下垂」「大腿骨下垂」「脛骨優位体支持」「膝関節直線伸展」「膝関節ロック機構」「二足性」あるいは「二脚性」「踵接地」「足底面体支持」の，どの要素が，どの程度まで含まれるのか，を表現することが重要である．なお，人類の直立を議論する場合，四足獣の前後軸（頭尾軸），上下軸（腹背軸）が人類では上下軸，前後軸となることに注意したい．

5.2　直立二足姿勢の維持機構

　直立二足姿勢を維持するためには，重心が二つの足の足底面をとり囲む範囲内

におさまらなければならない．通常，重心は身長の，下から約55％の高さにあり，仙骨と第5腰椎との関節部位，岬角（promontorium）と呼ばれる部位のやや前方にあるとされている．重心を通る鉛直線は，体を横から見ると，頭骨の乳様突起（耳介の後ろの下向きの頭骨の突起），肩関節のやや前方，股関節のやや後方，膝関節のやや前方（この位置を通るため膝関節のロック機構が働く），足首関節のやや前方を通るとされているが，肥満や痩身あるいは妊娠時など体型により変化する．また，加齢によっても変化する．とくに相対的に頭部の重い乳幼児では，重心の身長に対する相対的位置は高く，幼児などで胸部の位置にある場合，柵から身を乗り出すと，この重心が柵を越えてしまい，簡単に柵の向こうに転落してしまう．

　足底面での重心線の下りる位置は踝から足指の付け根までの間であり，個人差や条件により異なるが，通常は踵から足長の40％ほどの位置と考えればよい．また，平沢弥一郎によると左足のほうが右足よりも接地面積が大きい，すなわち左足に重心をかけて直立姿勢を保っている人が多いという．内臓や大脳の非対称性と関連していることと推測される．

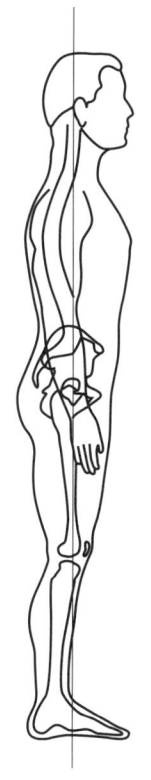

図5.2 直立

伸張反射

　人類の直立二足姿勢は，四足獣の四足性（quadrupedality）に比較すると不安定である．人類はこれをさまざまな反射で支えている．その主要な反射として伸張反射（stretch reflex）があげられる．これは，骨格筋のなかにある筋紡錘（muscle spindle）と，筋の腱にあるゴルジの腱器官（Golgi's tendon organ）という伸張受容器（stretch receptor）が，筋および腱が引き伸ばされたとき単シナプス性（脊髄内で感覚神経から直接運動神経に連絡する）にその筋を収縮させるという反射である．たとえば，膝関節が屈曲した際は，大腿部前面にある大腿四頭筋内の伸張受容器からの信号が大腿四頭筋を収縮させ，屈曲しかけた膝関節を伸展させるのである．膝蓋腱反射として知られている検査は，この大腿四頭筋の伸張反射を調べるものである．

第5章　ヒトらしさ

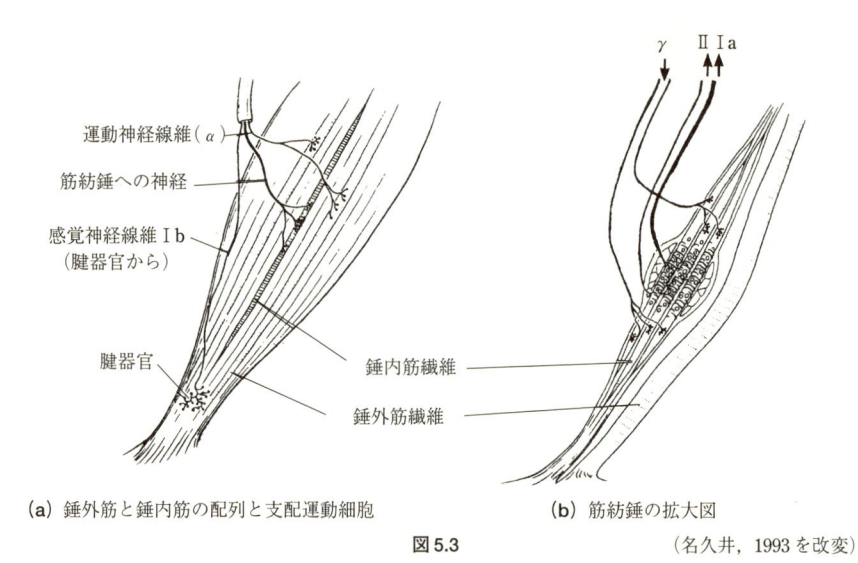

(a) 錘外筋と錘内筋の配列と支配運動細胞　　**(b)** 筋紡錘の拡大図

図5.3　　　　　　　　　　　　　　　　（名久井，1993を改変）

〈抗重力筋，抗動揺筋〉

　同様に，伸張反射を基本に直立二足の姿勢を維持するために姿勢調節を行っている筋を抗重力筋（anti-gravity muscles）といい，頭部を後ろにひく僧帽筋など項につく筋，脊柱起立筋と総称される体幹背部の筋，小臀筋，腸腰筋（脊椎および骨盤内面から大腿骨前部に走る筋であり骨盤の位置を安定させる），ハムスト

コラム

筋紡錘

　筋紡錘からはグループⅠaおよびグループⅡと呼ばれる感覚神経が脊髄まで信号（求心性の神経インパルス）を送っており，脊髄の前角にある運動神経（α-motor neuron）に直接シナプス（synapse：神経と神経が連絡すること）し，約500ミリ秒余りの時間内に当該筋を収縮させる．筋が弛緩しているときは筋紡錘もゆるみ，ⅠaおよびⅡからのインパルスは減少する．このとき，筋紡錘の内部両端にある錘内筋（intrafusal muscle）を支配しているγ（ガンマ）運動神経に遠心性インパンスを送ることにより錘内筋を収縮させ，筋紡錘の両端が収縮することにより，中央部は引き伸ばされて伸張反射を促進することができる．これをガンマ・ループ（γ-loop）という．また，伸張反射が起きている筋の拮抗筋（antagonistic muscle：逆の関節運動を起こす筋）は，相反神経支配（reciprocal innervation）により弛緩している．

リング（大腿部後面の筋の総称），大腿四頭筋，下腿三頭筋（下腿部背面の筋の総称），足底部の長拇指屈筋などがこれに相当する．これら抗重力筋は直立姿勢を保つために最大収縮時の2～3％しか収縮力を出しておらず（ただし，岡田守彦によると下腿三頭筋のなかのヒラメ筋は10～20％の収縮力），消費エネルギーも基礎代謝の40～50％程度と少ない筋力ですんでいるといわれる．

また，富田守は，こうした姿勢制御は静的な抗重力的制御ではなく，動的な安定を保つものであり抗動揺（anti-sway）的制御とみるのが適切ととらえ，抗動揺筋（anti-sway muscles）活動が姿勢制御であるとした．

姿勢制御に関連して，時実利彦らは，四肢筋を軽く収縮した状態で頸や腰を傾けた場合に運動神経の活動状況が異なることから，緊張性頸反射（tonic neck reflex），緊張性腰反射（tonic lumbar reflex），緊張性迷路反射（tonic labyrinthine reflex）の存在を証明した．

緊張性頸反射

緊張性頸反射について説明すると，頸部を前傾（頸部屈曲）した場合，肘が後ろにひかれ肘関節が屈曲し手指が屈曲しやすくなる．また体幹部が前屈し，股関節が屈曲し，膝関節，足首関節も屈曲しやすくなる．頸部を後傾（頸部伸展）した場合，逆に，肘関節が伸展し手指も伸展しやすくなる．また，体幹部が後屈（伸展）し，股関節が伸展し，膝関節，足首関節も伸展しやすくなる．相撲などのスポーツで，顎をひけば脇が締まり引きつけが強くなると理解されていることがらである．また，顔を右に向けたり（右旋）頭を右に倒した（右傾）場合，右の上肢下肢が伸展し左の上肢下肢が屈曲しやすくなり，逆に，顔を左に向けたり（左旋）頭を左に倒した（左傾）場合，左の上肢下肢が伸展し，右の上肢下肢が屈曲しやすくなる．これが緊張性頸反射である．

緊張性腰反射

緊張性腰反射について説明すると，体幹部を前屈した場合，肘関節が屈曲し，手指が屈曲しやすくなる．また，股関節が屈曲し，膝関節，足首関節も屈曲しやすくなる．逆に体幹部を後屈（腰をそらす）した場合，肘関節が伸展し，手指も伸展しやすくなる．また股関節も伸展し，膝関節・足首関節も伸展しやすくなる．

第5章 ヒトらしさ

| 後傾 | 前傾 | 右旋 | 右傾 | 直立位 | 後屈 | 前屈 | 右旋 | 右傾 |

└─── 緊張性頸反射 ───┘　　　　　　└─── 緊張性腰反射 ───┘

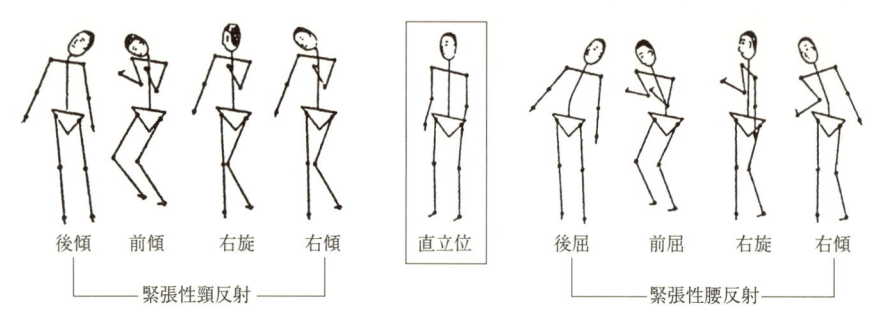

図5.4 緊張性頸反射と緊張性腰反射（時実ほか，1951を改変）

スポーツ場面で，腰が伸びきれば膝や肘も伸びてゆとりがなくなるのでさまざまな姿勢変化に対応できない，などとして理解されていることがらである．また，体幹部を右に向けたり（右旋）体幹部を右に倒した（右傾）場合，右の上肢と左の下肢は屈曲し，左の上肢と右の下肢は伸展しやすくなり，逆に，腰を左に向けたり（左旋）体幹部を左に倒した（左傾）場合，左の上肢と右の下肢は屈曲し，右の上肢と左の下肢は伸展しやすくなる．これが緊張性腰反射である．

緊張性迷路反射

　緊張性迷路反射とは，内耳の迷路にある耳石器官や三半器官からの情報で姿勢を制御するものであり，体軸の傾きに対して，体軸あるいは頭部を垂直に保つよう筋調節を行うものである．これらは姿勢制御として機能しているだけでなく，最大筋力を生み出すよう無意識にとられているため，各種スポーツ場面で頻繁に見られる動的姿勢となっている．また，こうした脊髄性の姿勢制御に加え，小脳系の高度な姿勢制御，さらに高度な大脳新皮質系の随意的な姿勢制御が加わって，人類の直立二足姿勢は保たれている．

　重要なことは，これらの姿勢は，直立二足の体制を獲得しさまざまな日常作業を行ってきた初期人類以来共通に見られた反射姿勢であるはずだということであり，化石には残らないと考えられているが，化石を見るときにかれらの姿勢や動作を想定しながら形態の機能復元をすることが大切なのである．

5.3 直立二足歩行

進化上での歩行の獲得

人類は直立二足の姿勢を維持しながら移動する．これが，直立二足歩行（erect bipedal walking）であるが，人類誕生初期は安定したゆっくりとした歩幅の大きな歩行（stride walking）ではなく，小走りとしゃがみこみを組み合わせた移動方法であったと想像する．その後，次第に安定した二足歩行と安定した二足走行を獲得したのであろう．現在でも，二足歩行と二足走行のエネルギー消費レベルは別であり，もともとは一つのエネルギー消費レベルが，安定した二つの移動様式に対応して2レベルに分化したと推定できる．多くの動物で歩行と走行という二つの移動様式（locomotion pattern）をもっているが，ウマなど有蹄類やイヌ・ネコなどの食肉類は走行のタイプにいくつかの種類（並足 walk，速足 trot，駆足 gallop）をもっており，状況に応じた移動様式をとれる動物なのである．

歩行と走行のエネルギー代謝

現代人についての研究から，二足歩行と二足走行での酸素消費量（エネルギー代謝量）の状況を見てみる．二足走行では速度に対する酸素消費量（O_2ml/分・

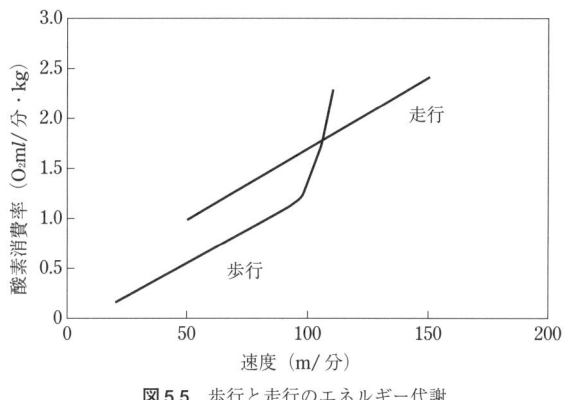

図5.5 歩行と走行のエネルギー代謝

kg）は直線的に増加する．しかし二足歩行では，中程度の歩行速度までは速度に対する酸素消費量は直線的に増加するが，ほぼ分速100m付近から急上昇して，時速6.5〜8.5km（分速ca108〜142m）で走行のエネルギー消費レベルと交差する．すなわち，この速度以上では走行のほうが歩行より楽なのである．この速度範囲で競われる競歩（2003年8月24日世界陸上パリ大会20キロ競歩で打ち立てられたジェファーソン・ペレス（エクアドル）の世界記録は1時間17分21秒であり，なんと分速約259mである）という競技は，マラソンよりも過酷な競技ともいえよう．重要なことは，走行のエネルギー代謝のタイプと歩行のエネルギー代謝のタイプが異なることであり，このことから，ヒトは二つの異なる移動様式をもっていると理解することができる．

マッカードルおよびカッツら（W. D. McArdle, F. I. Katch et al）の指摘によれば，歩行であれ走行であれ，酸素消費量（O_2 ml/分・kg）の増加が速度（m/分）に対して直線的になる，すなわち傾き｜(O_2 ml/分・kg)／(m/分)｜が一定になるということは，（O_2ml/kg・m）が一定であるということであり，このことは，どういう速さで走っても（あるいは直線関係の範囲では，どういう速さで歩いても）目的地までの酸素消費量の総量（消費エネルギーの総量）は変わらないことを意味している．傾きが一定であるから，2倍の速さで走れば（あるいは歩けば）2倍のエネルギーを消費するが，時間は半分ですみ総量は変わらない，ということである．

歩行時の足の動き

二足歩行について解説する．足の接地は踵から始まり（heel contact），足底外側部，小指球を経て拇指球から拇指先端で蹴り出す（toe lift off）ことになる．この一連の足部の動きを「あおり」という．このように足が体重を支えている時期を立脚期あるいは接地期（contact phase, stance phase）といい，体重を支えていない時期を遊脚期あるいは離地期（swing phase）という．片脚で体重支持している単脚支持期（single stance phase）と両脚で支える両脚支持期（double stance phase）があり，歩行とは両脚支持期が必ず存在する移動様式，走行は両脚支持期がない移動様式と，動作のうえから定義することができる．

〈接地期の歩行面にかかる力〉

詳細は割愛するが，接地期の地面に対する力のかかり方を見てみよう．進行方向（前後方向）については，踵接地から重心が支持脚の真上にくるまでの間は重

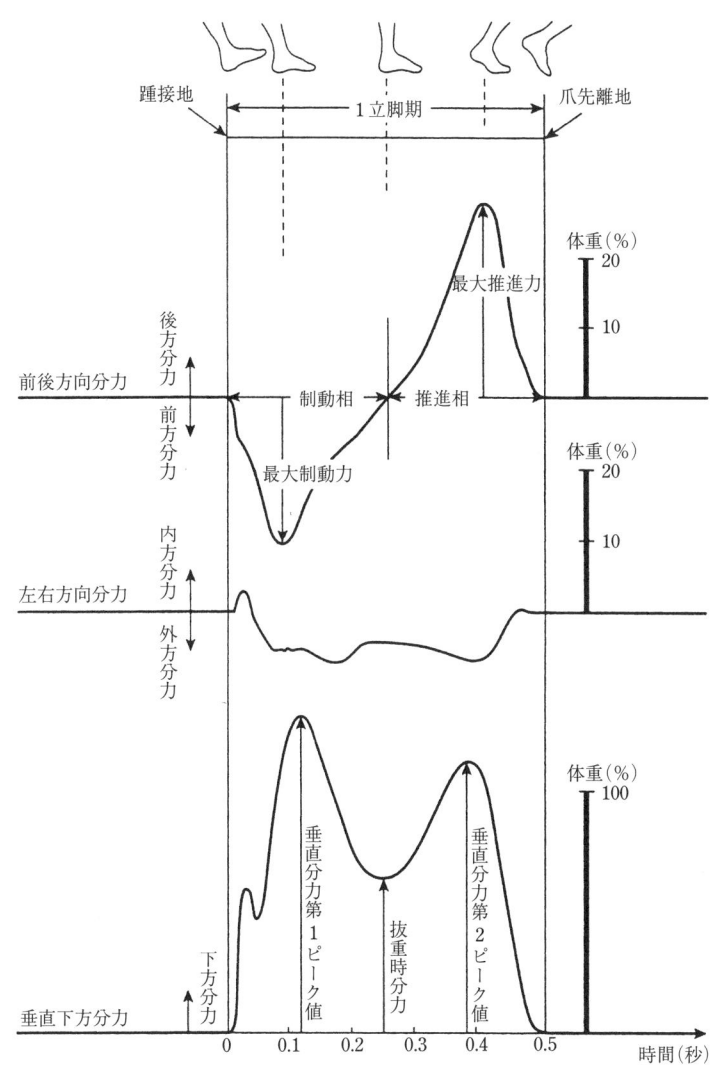

図 5.6　裸足歩行時の床反力の一例

心に対して支持脚は前方にあり，支持脚は重心に対して制御的に働く．その最大値は，体重の約 20 % である．その後は重心は支持脚より前方に移動し，蹴り出しの力は重心に対して推進的に働く．その最大値も，体重の約 20 % である．左右方向について見ると，支持脚は重心に対して外側にあり，踵接地時から初期は，支持脚は重心を体の外側へと向かわせるが，足のあおり作用により体の内側へと向かわせる．垂直方向について見ると，踵接地時は体重を踵部を中心に受け止め，下向きの大きな力（体重の約 115～120 %）を地面に加える．重心が支持脚の真上にくるときには，一回抜重（体重の約 80 %）して足の親指の付け根で蹴り出す際に，再び下向きに大きく力（体重の約 115～120 %）を加える．砂浜などを歩いた際に踵部と足の親指の付け根部が深く掘り込まれているのは，このように力を加えるからである．

〈足のアーチ構造〉

　この円滑な歩行を支えているのは足の骨組みによるアーチ構造であり，下腿からの体重を受ける距骨がアーチの頂上となり，踵骨と，足の拇指と小指の中足指節関節（中足骨と指の基節骨との関節）の3点が底部となるアーチ構造である．踵接地時はアーチがつぶれ，踵接地から体重が支持脚前方へ移動する際，アーチの支点が踵から中足指節関節へと移動し，その間にアーチの反発的復元により抜重され，中足指節関節を支点にして強く蹴り出す（アーチをつぶす）わけであり，このときのアーチの反発的復元で重心を前方に強く押し出すわけである．

　扁平足で，このアーチがうまく機能しないと，歩行時の効率が悪く疲れやすいといわれる．また，靴という歩行の補助道具はこの歩行機能を十分に保証しなければならず，アーチの変形（加重時の縦のアーチの伸びと，蹴り出し時の長拇指屈筋による拇指から小指にかけての横のアーチの引き締め）に対応できないと足指の変形などをきたすことになる．

　前述した，ラエトリの猿人の歩行跡（ca375万年前）は，このアーチ構造が完全に機能していることを示す足跡であり，形態的にも現代人と同様の足を獲得していることを示すと同時に，地面への力のかかり具合から見た歩行機能も現代人と同様であることを証明している．ということは，歩行運動にかかわる多数の反射が現代人と同様に機能していることを想像させる．おそらく代謝調節機構も，現代人と同等のものを獲得していたのだろう．

5.3 直立二足歩行

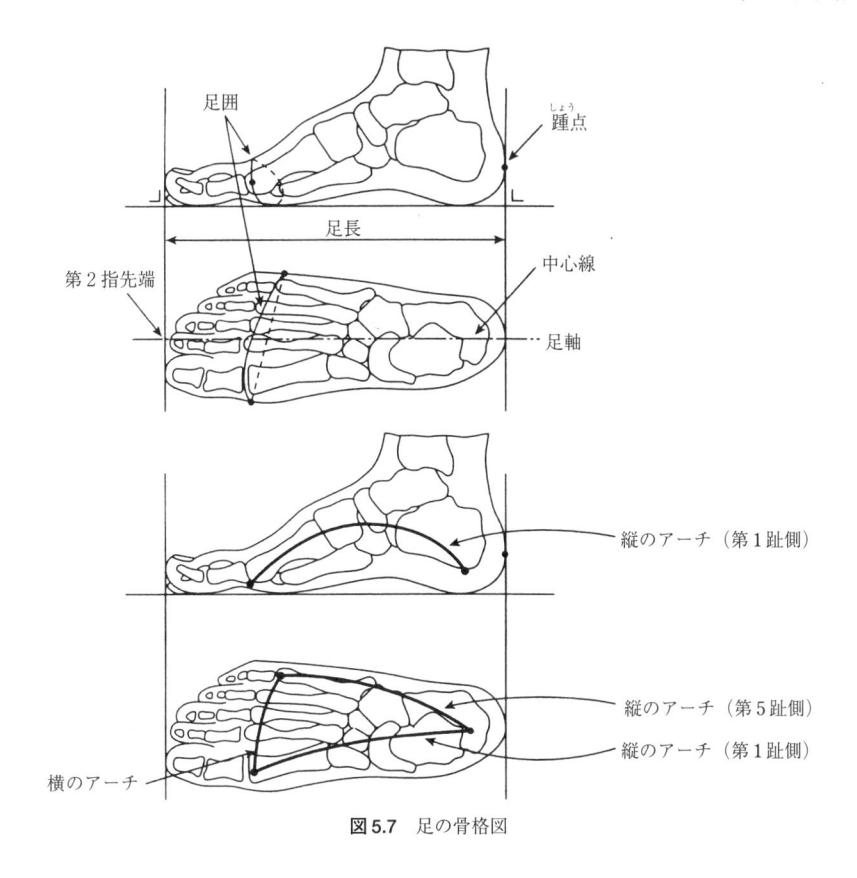

図5.7 足の骨格図

　なお，歩行は単脚支持期のある動的安定性の要求される移動様式であり，中臀筋は歩行時の左右の動揺を調整する働きがあることが知られており，ラエトリの猿人も中臀筋は左右動を制御するに十分な程度に進化していたと推定できる．片脚を横方向に上げる運動（外転という）をすれば中臀筋が鍛えられるので，近年，中臀筋の強化が高齢者の転倒事故防止にもつながるとして，注目されている．

　歩行はまっすぐ歩くより蛇行したほうが歩きやすいと，指摘されている．また植竹照雄は，左足が推進足で右足が方向を調整する足であることを示唆しており，歩行時の脚・足の左右差として興味深い．

5.4 ヒトらしさ，人間らしさ

生物としてのヒトらしさ

「ヒトらしさ」を他の動物と比較してとらえてみる．「ヒト科らしさ」と厳密には区別していない．また，ここでは，「人間らしさ」は生物としてのヒトの「ヒトらしさ」とほとんど同義語としてとらえている．人間のもつ精神性も，そのもとは生物としてのヒトの特性に由来しているからである．

暑いさなか，汗水流して働くことは偉い，すなわち価値が高い．他人の痛みがわかることは人間らしい，すなわち価値が高い．多かれ少なかれ，こうした価値観をわれわれ人間はもっている．

ではたとえば，カメが暑いなか汗水流して働くことは偉いと考えるであろうか．アリが踏まれて死んだ仲間を思って悲しみにくれることはアリらしいことであろうか．カメは汗をかけないが，暑いさなか動きまわることは自殺行為でありカメにとって価値のある行動ではあり得ないし，アリが死んだアリにとらわれて集団行動を中断することはアリらしい行動とはいえない．

人間のもつ価値観（ヒトらしさの投影）を理解するために，あるいは，人間らしいとはどういうことかを理解するために，「人間らしい」の対となる「イヌらしい」と，「ネコらしい」，について考えてみる．

〈イヌらしさ〉

イヌはワンワンとほえ，尾を振り，とくにオスはあちこちに尿で縄張り宣言のためのマーキングをする．ネコはひなたぼっこをし（そのために「寝る子」が転じネコとなったともいわれている），毛をなめ，夜出かけてゆく．ネコが尾を振り，飼い主に「お手」をしたらネコらしくないのであり，イヌが毛をなめ，爪をといだらイヌらしくないのである．

イヌは本来集団生活をする動物であり，リーダー（アルファ犬）に認められることが群れのなかで生きてゆく前提になるので，アルファ犬に服従する意味を表す挨拶行動の一つとして，アルファ犬にクンクンと甘えながら前足をかける行動をする．イヌのこうした習性を利用して，リーダーの代わりと認識された飼い主は簡単に「お手」を教えることができる．飛びついて甘えるのもイヌの挨拶行動

の一つである．また夜の暗闇でも，聴覚や嗅覚の優れたイヌは不審な物音などに敏感に反応して仲間に知らせるためにワンワンと鳴く．単独生活が基本のネコはしない行動であり，この習性を利用して番犬としてヒトとの共生が始まったとも考えられている（イヌの語源の一つとして「去ぬ：イヌ」つまり夜の不審者や悪霊を去らせるものという説もあり，魔除けに犬印の腹帯などにもその意味が込められている）．

　イヌの肛門には副肛門腺という大汗腺由来の分泌腺の開口部があり，そのイヌ固有の臭いを出す．さらにイヌの尾の付け根の背中側にも臭いを出す大汗腺が集中しており，イヌは喜んだり興奮したりしたとき，自分の存在をアピールするために副肛門腺と尾の付け根から臭いを反射的に分泌し，尾を振りまわして自分のにおいをまき散らすのである．「わたしはここにいる．認めて」というメッセージを送るのである．ネコがこうした行動をとればネコらしくない．またオスイヌは，尿でも糞でもテリトリー宣言をする習性があるので，メスよりも散歩に頻繁につれてゆかないと，自分のテリトリーにどのイヌがきているのか臭いで確認できないため強いストレス状態になる．散歩に出ると，自分をできるだけ大きなイヌと思わせるために，後ろ足をつま先立ちにしてできるだけ高い位置に尿をかけ，糞をするとあたり一面に自分の糞の臭いを蹴散らして広げる．ネコのように糞をかくす「ネコババ」行動をしたら，イヌらしくない．イヌは知らない人間が近づくと股間の臭いを嗅ぎにくるが，これは副肛門腺や糞尿の残臭を嗅いで個体識別をするための挨拶行動であり，十分に嗅がせてやることはそのイヌと仲よくなるために必要な行動である．ちなみに，人間には肛門周囲腺という大汗腺が肛門周囲に集中しており（腋窩にも集中している）その人固有の臭いを出している．イヌからこうした挨拶を受けたとき，ヒトらしい行動ではないが，相手イヌの肛門周囲をクンクンと嗅ぐ挨拶を返すことは，イヌにとってとても安心のできる「イヌらしい人だ．イヌ的価値が高い」と思わせる行動である．イヌ

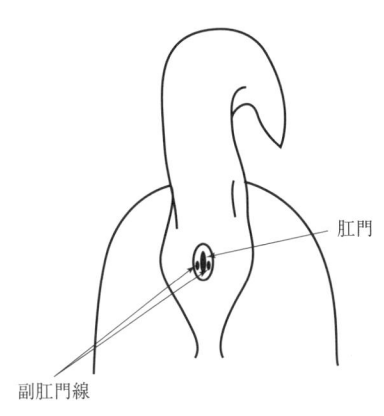

図 5.8 イヌの副肛門線

と仲よくする秘訣である．

〈ネコらしさ〉

ネコ科の動物は日光浴をしながら（紫外線を浴びて）毛の中でビタミンDを合成し，その毛をなめとってビタミンDを吸収している．ネコにとって毛をなめることは食事行動にもなっている．イヌが暑いときに唾液を塗りつけるために毛をなめるのとは，基本的に異なる行動である．ネコの頰と両腰付近には臭いを出す大汗腺が集中しており，飼い主が外から帰ってきたとき，集団生活をしないネコにとっては自分の持ち物であるこの飼い主に確認のため自分の臭いをなすりつけようと，頰と腰を擦りつけ，ついでに近くにある自分の持ち物にも頰と腰を擦りつけて自分の臭いを残し，安心して爪をといで（古い爪を引っかけて取るのである）夜の狩りに備えるのである．

イヌらしい行動とはイヌの特性に根ざしたものであり，ネコらしい行動とはネコの特性に根ざしたものなのである．同様に，カメにはカメらしさ，トリにはトリらしさがあり，それぞれ，その生き物の形態や機能や行動の特徴，すなわち特性をより鮮明に現しているときに，その生き物らしいといい，その生き物らしいと感じるのである．ヒトらしい行動も，ヒトの特性に根ざしたものである．ヒトらしい行動を見たとき，ヒトは「人間らしい」「人間性がある」「価値が高い」と感じるのである．

では，ヒトらしい特性とはどういうものであろうか．改めて整理しよう．

初期人類として得たヒトらしさ

人類は，ca700万年前，東アフリカの森林地帯から草原地帯へと生息域を拡大していった．直射日光にさらされる草原域では，紫外線による障碍のほかに赤外線の輻射熱による体温上昇が大きな障碍となった．紫外線による障碍に対処するために，ヒトはメラニン顆粒を表皮，髪，虹彩に沈着させた．初期の黒人である．彼らのもつ特徴が初期の「ヒトらしい」，あるいは高紫外線照射下のヒト科らしい特性なのである．もっとも，初期の黒人は現在の優れた黒人ほどには高紫外線照射環境には適応していなかったと想像されるが．

さて，ヒトは直射日光下の草原地帯という新しいニッチでは新参者であり，多くの食肉獣が食物連鎖の頂上に君臨しており，そのなかでニッチを獲得する

ことは容易ではなかった．

〈ヒトらしさとしての発汗〉

　一番安全で競争相手の少ない活動時間帯が，真昼の炎天下であり，この時間帯，初期のヒトの捕食者である肉食獣は食事も中断して木陰で休んでおり，初期の人類は，この炎天下の環境に適応するために小汗腺を体表面全体に分布させ，汗をかいてその気化熱で体温を下げるという優れた体温調節機能を獲得したのである．「ヒトらしい」特性である．この特性を得られなければ，ヒトはこの初期段階で食肉獣の餌食となって絶滅していたかもしれない．ヒトは，草原進出の初期に，この特性を活かして，炎天下のなか，食肉獣の食べ残しを盗み取り食べるという，ハゲタカなどと同じ清掃動物（スカベンジャー：scavenger）としての生活，すなわち腐肉あさりをしていた可能性が高いとされていることは，すでに述べた．これが，当時の「ヒトらしい」行動である．

〈ヒトらしい群れ：家族〉

　直立二足という体制のために骨盤の変形をきたして難産となったヒトの母親にとって，性的分業として餌を運んでくる新しい父親というオスが，優秀なスカベンジャーであればあるほど，父親の価値は高まったであろう．また父親は，生物学的な男性の役割だけですませていた繁殖行動では難産の母親に高い確率で遺伝子を残してもらうことができなくなり，こうして自分の遺伝子を残すための性的分業（餌と外部情報の持ち帰りと，家族の安全の確保）のための努力をしなければならなくなった．家族という「ヒトらしい」群れをつくったのである．

　初期のヒトは，次第に，より積極的に炎天下で狩りをするようになったと考えられる．炎天下で草食獣を追いまわせば，発汗機能のない草食獣は熱中症でヒトよりも先に倒れてしまう．ヒトは筋運動による更なる産熱にも発汗による気化熱で体温を調節し得るので，暑熱環境下でのすぐれたハンターとしてニッチェを拡大していった．暑熱環境下で汗をかいて働くことは「ヒトらしい」行動なのである．ヒトにとってヒトらしい行動は，生活を支えるために有利な行動であり，価値の高い行動なのである．アリが炎天下で働いているのを見て偉いと感じ，キリギリスがエネルギーロスを最小にするために木陰で休んでいるのを見て怠け者というのは，ヒトの価値観に照らしてのことである．ヒトの価値観はヒトにのみあてはまるものであり，万能な価値観ではない．

第5章 ヒトらしさ

〈古代文明発祥地の必要条件〉

こうして，ヒトは汗をかく特性を手に入れた．水分と塩分を大量に失う動物となった．その水分と塩分を手に入れやすい場所にヒトは定住した．古代文明の発祥地には大河があり，すべて岩塩の産地が近くにある．たくさん水を飲み，塩分を好むのは「ヒトらしい」食事行動なのである．ヒトと同じ「ヒトらしい」食事をさせれば，他の動物は病気になる．

哺乳類らしさとヒトらしさ

少し遡るが，中生代ジュラ紀頃の原始哺乳類は夜行性というニッチェを手に入れた．その頃の原始哺乳類の捕食者たちである変温動物が動けなくなり，餌としていた虫たちも逃げない夜の時間帯が原始哺乳類の適応環境であった．哺乳類は，気温の低い夜も活動できるよう，体温が高められ特殊化した．つまり，原始哺乳類は体内での産熱を上げたのである．すなわち，たくさん食べて，たくさん酸素を取り込み，食べたものを酸化する過程（ミトコンドリアでのTCA回路）を速めて，たくさんのエネルギー物質（ATP）を産み出し，たくさんの余剰熱を出し，体を温めた．原始哺乳類はそのために，それまでの爬虫類と比較して（同体重で比較して）はるかに大食漢となった．

ヒトはこうした哺乳類としての特性をも併せ持つ，すなわちたくさん食べて，たくさん飲んで，たくさん塩分をとる動物なのである．そうすることが，「ヒトらしい」のである．世界各地でお茶を飲む文化が発達したのも「ヒトらしい」特性のなせるわざである．

より正確に表現しておいたほうがよいと思うので，表現し直そう．たくさん食べること，呼吸機能が発達してたくさん酸素を取り込むこと，ATPがたくさんできるのでより活動的であること，産熱が高く温血動物であることは，「哺乳類らしい」し，水分と塩分をたくさんとることは「ヒトらしい」のである．

〈母子関係〉

ついでに述べると，哺乳類段階からメスは胎生と授乳という生理的機能をこなさなければならなくなり，母親の負担は増大し，母子関係は爬虫類段階と比較して飛躍的に強くなった．出生数が少なくなる分，大切に育てあげなければならず，母親の負担が大きくなった．母と子のほほえましい光景は，ヒトのみならず哺乳

類全般にとって価値あるものであり，「哺乳類らしい」といえる．

霊長類らしさとヒトらしさ
〈嗅覚の退化〉

ヒトの進化史から見て，人類以前の霊長類段階の特性のなかにヒトらしさ，あるいは人間性を考えるうえで重要な進化上の獲得形質がある．ca6500万年前（ca650 m），新生代初頭から樹上生活に適応放散した霊長類は，樹上あるいは樹間という生活空間では，それまでの臭いによるテリトリーマーキング（縄張り宣言のための臭いづけ行動）などは意味をなさなくなったので，嗅覚を退化させ鼻のつぶれた短い顔となった．得体の知れないものを調べるのによく見もしないでクンクンと臭いを嗅ぐのは，イヌなど地上の動物らしくはあるが，「霊長類らしくない」，そして「ヒトらしくない」行動なのである．

〈把握性と視覚〉

霊長類は樹上生活のために手や足や尾に枝をつかむ把握性を獲得し，枝までの距離を測るための双眼視（両方の目が前についていること）による立体視や，果実の熟した時期を判別するための色彩視を獲得したので，まずよく見て，触ってみる「霊長類らしい」行動が優先する．この霊長類らしさの延長線上として，ヒトは視覚（形態覚，色覚，立体覚，運動視覚）をさらに進化させているため，見ることを生活のなかで多用する．形態覚，色覚を多用する美の世界をヒトは楽しみ，日常においても衣服をはじめさまざまなものの色や形を楽しむわけである．立体覚を多用して楽しむ彫刻なども，運動視覚を多用して楽しむ高速で走るカーレースなども，このように発達した視覚からくるヒトらしい文化である．

〈霊長類としてのコミュニケーション〉

もう一度霊長類に戻る．樹上で，仲間はいつも自分の前後左右にいるとは限らない．上下にいることもある．霊長類は仲間を探すためにきょろきょろと，頭を前後左右上下に動かさなければならない．また，樹上では木の枝や葉が繁っていれば仲間も見えないので，声によるコミュニケーションが大切となってくる．霊長類はおしゃべりな動物になったのである．前述したように，鳥類，鯨類もおしゃべりであるが，動物のなかでもっともおしゃべりなのは霊長類である．ヒトも「霊長類らしく」，とてもおしゃべり好きである．樹上から食べかすを平然と投げ

捨てるのは「霊長類らしい」行動であり，霊長類と共進化してきた被子植物にとって価値の高い行動であるが，その延長線上である「平然と路上にゴミを捨てる行為」は「霊長類らしく」はあるが決して「ヒトらしい」行動ではない．

〈ヒトらしさとしてのコミュニケーション〉

ヒトはさらに，家族を構成する成人の男性と女性と子供という生理的にも心理的にも欲求や行動の異なる3個体の理解度を高めるために，音声言語以外にも表情言語や身振り手振り言語を多用する動物界きってのおしゃべりな動物，というよりコミュニケーション豊かな動物となった．身振り手振りを交えて（身振り手振り言語）表情豊かに（表情言語）おしゃべりする（音声言語）のは「ヒトらしい」行動であり，演劇や話芸などの文化にもつながるヒトの特性である．表情の複雑化はまさに「ヒトらしさ」を示しており，笑顔の豊かな変異と「泣き顔」というヒト独特の表情（身振りや音声もともなう表現となる）も獲得した．

〈霊長類としての運動性〉

頭をきょろきょろさせる以外に，霊長類は樹間でめまぐるしい曲芸的な動きをする．樹上生活者に必要な行動様式である．ヒトもこうした霊長類の特性として，体操競技など「より複雑な動きをより正確に」行うことに価値をおく．これは，おそらく霊長類一般の共感を呼ぶ行動であろう．

〈ヒトらしさと価値観〉

先に述べたように，暑いさなか，多量のATPを代謝しながら行うマラソンなど多くの地上の競技は，「より速く，より高く」を目指しているのであるが，これらの競技にウマ以外からの共感は期待できない．また，哺乳類全般からも「自殺行為」と批判を受けることが予想される．すなわち，これはヒトの特性とそこから生じた価値観に根ざしたスポーツ文化なのであり，ヒトにとっては汗水流して働くことと同一の価値をもって位置づけられる「ヒトらしい」行動である．

手が器用であることも霊長類の特性である．霊長類にとっては，手，足，尾が器用であること，ないしは体が支えられること，が価値あることであるが，手を体重支持や移動運動から解放したヒトにとって，手は器用な作業のための身体道具である．すなわち，手が器用であることそのものに価値が生じ，手で精密につくられた作品もヒトにとって価値の高いものとなったのである．器用な手さばきによる楽器の演奏や職人による手工芸品に対する価値観の背景に，「霊長類らし

さ」としての器用な手がある．把握機能があるために霊長類の子供は母親にしがみつき，母親は子供を抱きしめる．「抱っこ」や抱っこ由来の「抱きしめ合い」による緊密な個体間関係の確認は「霊長類らしい」行動である．

　ヒト特有の形質とは何かといえば，「直立二足」の体制であり，大型化した脳も，その重要な結果の一つであり，「ヒトらしさ」を考えるうえで重要なヒト的特性である．念のために付け加えると，脳が大きいこと，そしてその機能が発揮されて「頭がよいこと」は確かに「ヒトらしい」ことであり，ヒトにとって価値のあることであるが，動物全般に対してこの価値観をあてはめて，ヒトが一番頭がよいから一番偉い動物であると考えるのは，単に自分の価値観で他を見ているにすぎない．イヌにとっては嗅覚に優れていることが価値あることであり，オオカミにとっては狩りに優れていることが価値あることであり，ウマにとっては捕食者から速く逃げおおせることが価値あることなのである．

ヒトらしい脳

　初期人類の脳容積は大きくてもせいぜい400 cc程度であり，現代人では1500 cc前後，ネアンデルタール人ではやや大きく1600 cc程度である．すなわち，ヒトの脳はca700万年前の初期人類から現在までの間に，ほぼ4倍に大型化してきた．しかし，その脳の各部位は同じ比率で大きくなったものでもないし，人類誕生前の段階の，現在のチンパンジーとの共通祖先の脳がそのまま大きくなったものでもない．ヒトの進化の過程で，ヒトはヒト特有の各領域の比率をもつ脳をつくりあげてきた．

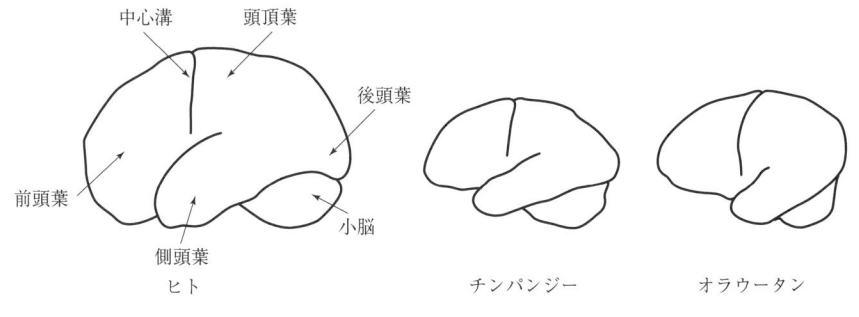

図5.9　ヒト，チンパンジー，オラウータンの脳

第5章　ヒトらしさ

〈ヒトの脳の特徴〉

では，ヒトの脳のどの部分が拡大し，またどの部分が退化したのか．

ヒトの脳の外形を見ると，大きく側頭葉がせり出している．これは，側頭葉の部分が他の部位に比較して大きく進化したためである．側頭葉は，聴覚や記憶に関係している．音を聞き，記憶し，また記憶と対応させてその音を理解する．すなわち，音声言語にかかわる領域が拡大した．ヒト以外の霊長類でもこの側頭葉は発達しているが，ヒトの音と記憶にかかわる機能は動物界でも最高水準である．会話を楽しみ，話芸へと発達させ，音楽にさまざまな感情や記憶を結びつけて楽しむ文化も，ヒトらしさなのである．

〈ヒトらしい感覚〉

ヒトの脳の前頭葉と頭頂葉の間には，縦に走る大きな中心溝という溝がある．この中心溝の両側が大きくなる方向に進化したためである．

中心溝の後ろの部分（中心後回）が感覚を統御している体性感覚野であり，中心溝の前の部分（中心前回）が運動を統御している運動野である．この体性感覚野（皮膚表面や内臓からの感覚を司る部分）および運動野（運動を司る部分）と呼ばれる領域のなかで手と顔，とくに頬と赤唇縁（唇の赤く膨隆した部位．口紅を塗る部分．ヒト特有のものであり，唇は他の動物にも顔の皮膚と口腔粘膜との境い目として存在するが，大きな赤唇縁は存在しない．乳児が授乳する際にヒト特有の短い乳首をしっかりと保持するために装置であり，ヒトでは成人してもこの形態が保たれている）の領域が大きくなっている．赤唇縁を使ってキスをするのもヒトらしい行動である．頬の領域が大きいため頬ずりをするのもヒトらしい行動である．

〈ヒトらしい運動〉

運動野で口や頬の領域が大きいという特性は，豊かにしゃべることと関係している．顔の領域の下に舌の領域が大きく存在していることもヒトらしい脳であり，舌と口（赤唇縁と頬を主体として）を使って音声言語を多用し，手の領域が大きいことから，ヒトが手を器用に動かすこと，そして前述したように身振り手振りを交え表情豊かにしゃべるというヒトらしいコミュニケーション能力あるいは表現と関連している．

コミュニケーションに関連して，文学に価値をおくのもヒトらしい脳の働きか

5.4 ヒトらしさ，人間らしさ

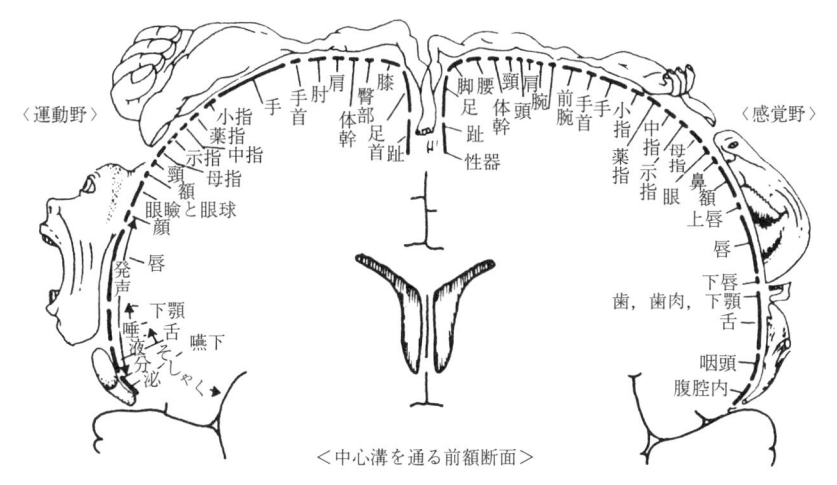

図 5.10 大脳皮質の機能局在（Penfield, W. and Rasmussen, T., 1950）

らくるものであることを確認しておきたい．また，コミュニケーションに関連して，高度な社会性そして緊密な個体間関係を築き，挨拶など儀式的な個体間関係確認行動をつくりあげたのも，ヒトらしさの現れである．

　直立二足歩行の効率化のため，左右に張り出した胸郭を強調し，「胸を張って」「肩で風を切って」歩くのも「肩をいからせ」「肩肘張る」のも，実にヒトらしい行動なのである．

〈ヒトらしい手〉

　体性感覚野で手の領域が大きいということは，手（とくに指先）の感覚が優れているために，物を手で触り，また手触りを大切にする動物であるというヒトらしさに関係している．また，手からの感覚領域が大きいということは，好きな人と手をつなげば脳により多くの安心情報がお互いに伝わる，というわけで，子供はお母さんと手をつなぎたがるのである．握手という風習もヒトらしい行動であり，霊長類には受け入れられるが，他の動物群には無縁の行動である．子供に対する罰として手のひらをムチで叩くというのがあるが，脳にたくさんの情報を送れる罰であり，強い刺激になると考えられる．

〈ヒトらしい頬と赤唇縁〉

　感覚野の頬や赤唇縁の領域が大きいことも，（前述したように）頬ずりやキス

などといったヒトらしい風習と関係しており，また頬を叩くというヒトらしい苦痛の与え方は尻を叩くことより脳には多くの「叩かれた」という情報をもたらすことになり，決闘を申し込むなど儀式的な行動としても使われた．

〈ヒトの脳の精神性〉

ヒトの脳は前頭葉が拡大し抽象的思考に優れ，記憶や計算機能にも優れるという「ヒトらしい」特性がある．そのため，記憶力のある人や計算能力のある人は「ヒトらしさ」が強調されているため価値が高いとして褒められる．ヒトの脳の特性を鮮明に出すほど，ヒトらしく価値が高いということである．そのために初等教育の段階から，記憶や計算のトレーニングをするのである．

しかし，ここに競争原理を持ち込むか，協同原理を持ち込むかで，大きく教育の内容と質が変わってくる．現在は，世界の至る所で競争原理が主流となっているため，競争社会のなかで自分が有利な位置を占めるためには，競争相手より，より多くの情報をより正確に記憶しておくことや，より速く計算することが求められる．あるいは，そのために競争相手の記憶力や計算力を落とすことに精力が注がれることすら起きてくる．協同原理を活かすとしたらどうしたらよいか．そのためには，たとえば，情報をたくさん他人や友人に教えた者が褒められるように評価基準を変えればよいと著者は考えている．お互いに教え合うことを評価の対象にすればよいのである．そうすれば，より多くのヒトがより多くの正確な情報を共有することになり，教育の内容や質は変わるであろう．

本来，ヒトは協同原理に基づいて生活していたのではないだろうか．支配層の誕生や，経済性優先のたとえば産業革命といった出来事を契機として，いつのまにか競争原理が主流になってしまったのだろうか．むしろ，アリらしさのほうに協同原理が多く含まれているように思われるのだが．

〈チンパンジーとヒトの向上心〉

チンパンジーとヒトは，共に高度な社会性をもっている．この社会とは，ミツバチなどに見られる整然と分業化された社会ではなく，個人がその努力で社会的地位を上げてゆける社会である．こうした社会構造も，チンパンジーとヒトの共通祖先（ca1400～700万年前，ca140～70 m）が獲得してきた一つの適応戦略としての社会形態と考えられるが，この社会では地位を上げることが一つの目標であり，それに向かって各固体が日々努力する．自分にとっての競争相手を力ず

くで排除するという方法から巧妙な手口で相手を陥れるという方法まで，チンパンジーとヒトの共通祖先はそれなりのやり方で自分の社会的地位の向上を目指していたと思われる．

ヒトの行動のなかにも，もちろん社会的地位の向上を目指す行動は見られるわけであり，チンパンジーとヒトの共通祖先由来の行動といえるが，その方法としてチンパンジーとヒトの共通祖先と同様の方法をとるのか，チンパンジーらしい方法をとるのか，ヒトらしい方法をとるのか，教育環境に大いにかかわる個人の判断に任されているといえるだろう．

著者も含め，読者の方々のまわりにも，自分さえよければという人間と，他人の気持ちのわかる人間と，そしてその中間段階の多様な人間がいるはずである．ヒト社会が，社会的地位の向上を目指す方法として，自分さえ地位向上すれば他人はどうでもよいという価値観をもつのか，それとも協同して，おのおのの地位を上げてゆこうとするのか，個人の意識や社会の価値観などというよりもヒトとしての特性として，どの選択肢を選ぶのかによっているのだと思われる．

この問題に対する答えは，チンパンジーの行動特性の研究すなわちチンパンジーらしさとヒトらしさの違いは何かにもかかわっていると思われる．また，後述するように，ヒトらしいとは生まれながらにしてヒトらしいわけではなく，教育にもよるものであるということに留意したい．

〈他人の痛みがわかるヒトらしい脳〉

ヒトの脳には，脳内の各領域間の連絡が豊富に行われるという特性がある．「指の爪をはがして……」と聞いてぞっとしないヒトはかなり少ないはずである．なぜなら，ヒトの脳は，この聞いた言葉の情報を運動野に送り嫌な顔をし，視覚野にも送り視覚的にも想像し，体性感覚野にさえ情報を送って実際に痛みを感じることもできるのである．言語情報（聴覚情報）だけではなく，戦争の悲惨さを伝える新聞記事を読んだ（文字情報）としても，写真を見た（画像情報）としても，聴覚領域や視覚領域から言語野経由で，実際に体性感覚野で痛みを感じることもあるのである．ヒトの脳はその特性として他人の痛みを想像し，同じように生理的および心理的に他人の痛みを感じられる脳なのである．つまり，他人の痛みがわかるヒトらしい脳なのである．そして，その脳をもつヒトが価値があるのである．逆に，他人の痛みがわかるため，拷問などを考え出したのである．アリ

が，他のアリが踏みつぶされている写真を見て悲痛な気持ちになったとしたら，アリらしくはなくヒトらしいのである．

　脳に障害がありこうした経路が遮断されていて他人に対しての同情心がもてない脳の持ち主がいた場合，「ヒトらしくない」「人間性が低い」「人間としての価値が低い」と決めつけるのであろうか．それとも，ヒトの脳の特性を活かして，その人を理解して，全員で社会を円滑にしてゆこうと努めるのであろうか．こうした問題にも，ヒトの脳自身がどちらの選択肢をとるかを示すことになるだろう．「ヒトらしい」脳は，後者を選択するであろう．著者はそう信じているし，自然科学的人間理解のうえに立って，そうであることに疑いをもっていない．

ヒトらしい脳はつくられる

　注意しておきたいのは，この脳内の連絡は生まれたときすべてが備わっているわけではない，ということである．ヒトは生まれながらにして *Homo sapiens* であるが，ヒトらしさ（人間らしさ）を十分に備えているわけではない．ヒトらしい脳をもって初めて，ヒトらしく（人間らしく）なれるのである．他人が苦しむ場面を見せて「あなたは実際には痛くないでしょ」と納得させ，すなわち脳内部での連絡を遮断し（ヒトの脳は前述したように生理的早産由来の可塑的なすなわち学習する脳であるから），あるいは他人を痛めつければポイントが上がるなどと褒めそやせば，そうした脳になるのである．ヒトにとって教育あるいは生活環境がいかに重要か，また個人をとりまく生活文化がいかに重要かを改めて問い直すべきである，と著者は考えている．

　ヒトの脳は内部での連絡が豊富であるだけでなく，想像力も創造力も豊かである．魔物や幽霊あるいは宇宙人をヒトの脳は創造した．事実と異なることを妄信するのも，「ヒトらしい」脳の特性からくることを理解しておく必要がある．

　また，ヒトの脳には性差と左右差がある．性差（性に関係する連続的変異というほうが正しいが）はヒト特有のものではないと考えられるが，左右差は「ヒトらしい」脳の特性である．左右差からくる「利き手」など手・足・目・耳（すなわち運動と感覚）の一側優位性は，さまざまな主として右利き用の道具と文化の世界をつくった．ヒトらしい世界である．ヒトの脳は一様ではない．性差以外にも個人差も地域差もある．脳の変異である．ヒトの脳の特性からくる価値観の判

断には，脳の個人差が大きく関係することに注意したい．価値観は脳がつくり出すものなのだから．ヒトの脳の変異あるいは個人差については，未だ十分に理解されているとはいえないし，そこからくる価値観の変異についても今後，「価値観の多様性」の問題として慎重に検討されなければならないであろう．

「人間性」という内容を生物学的に意味している「ヒトらしさ」とは何か，この古来哲学者たちを悩ませてきた問題に対する答えは，「ヒトらしさ」の形成をしてきた人類の進化史のなかに示されているのである．

5.5　近未来社会におけるヒトらしさ

ロボットらしさとヒトらしさ

人型ロボットが身近な存在となる近未来社会，「ロボットらしさ」と「ヒトらしさ」の違いがどのように解決されてゆくのか，著者には見えていない．本書の最後に，この問題を提起しておく．

〈ロボットらしさと経済性〉

ロボットのもつ価値観とは何か．ロボットは人間がつくるものであるから，人間の価値観をそのままもっているのだろうか．著者はそう考えていない．

いま，外観も性能もまったく同じだが，値段の違うコンピューターがあったとする．どちらを買うか，といえば安いほうである．外観も値段もすべてがまったく同じだが，処理速度だけが異なるコンピューターがあったとする．どちらを買うか，といえば速いほうである．外観も処理速度も値段もすべてがまったく同じだが，記憶容量だけが異なるコンピューターがあったとする．どちらを買うか，といえば容量の多いほうである．すべてが同じだが正確さだけが異なるコンピューターがあったとする．どちらを買うか，といえばエラーの少ないほうである．すべてが同じで生産量が異なる生産機械があれば，生産量の多いほうが選ばれる．「安価」「高速」「大容量」「正確さ」「高い生産能力や作業能力」，これを誰もが選択し，コンピューターにかぎらずさまざまな機械の進歩の方向は，この方向を目指していると思われる．これが経済原理にかなっているからである．当然，ロボットの価値観にこれが入ってくるであろう．ロボットは，これを判断基準にして評価する．人間がそうプログラムするからである．

第5章 ヒトらしさ

ca10年後（およそ0.1 mmほど先），情報提供型の教師は最新情報を搭載したヒト型ロボットに取って代わられる（だろう）．1人の学生の質問に対して，人間教師が「先週答えた内容は違っていました．えーと」と言いよどんでいる間に，ロボット教師は，光通信で人間教師が一生かかっても処理しきれない大量最新情報を数秒でアップデイトし，質問者全員に多方向3Dを駆使して明確に回答したのち，関連情報をすべての学生のノート型ロボットに転送する．「高速」「大容量」「正確さ」「作業能力」で人間教師はロボット教師に完敗である．ロボット理事長がロボット教師と人間教師の査定を行うとき，給料アップを懇願する人間教師と安い水素電池1個で10年間働くロボット教師とでは，結果を見るまでもない．理事長には「安価」を選択するプログラムがインストールされているのである．

本当のヒトらしさとは

経済原理は経済の発展を支える原動力（motive force）であり，人類がつくり出した豊かな経済社会のさまざまな法則が凝縮されたものでもあろう．しかし，こうした経済原理には，人類の「ヒトらしさ」すべてが凝縮されているわけではないだろう．おそらく産業革命以来の経済性優先の価値観，「安価」「高速」「大容量」「正確さ」「生産能力」を選択する価値観が凝縮されているのではないか．この価値観に照らすと，人生の大半を終え，余生を過ごす高齢者は「生産能力」のない無益なものと評価されるのだろうか．病気や怪我で「生産能力」の落ちた者は価値が低いと評価されるのだろうか．小さな子供に時間をかけて，一歩一歩成長を手助けしてやる子育てや教育は，育てる必要のないロボットから見ると無駄な作業なのだろうか．

著者は学生時代，折れたあと平行にずれて癒合した化石人類の大腿骨を見たことがある．当時の教室主任の埴原和郎教授の骨学実習であったと記憶している．教授は「こんな状態で痛かっただろうが，こういう生活力の衰えた人間をまわりが助けたのだろうね」という意味のことをいわれた．

人類は，こうした「人間らしさ」をたくさんもった動物である．「ヒトらしく」「人間らしく」生きるために，自分の努力で，自分の時間を使って，人類あるいは人間についての知識を蓄えることが大切であると考えている．

参考図書

人類学一般（石田らの「人類学」は古典的名著）
石田英一郎，泉靖一，曽野寿彦，寺田和夫（1961）「人類学」東京大学出版会
田辺儀一，富田守（1975）「人類学総説」垣内出版
日本人類学会編（1984）「人類学：その多様な発展」日経サイエンス社
江原昭善（1993）「人類の起源と進化」裳華房
富田守，真家和生，平井直樹（1999）「生理人類学」朝倉書店

進化一般
M. コルバート（田隅本生監訳）（1994）「脊椎動物の進化」築地書館
丸山茂徳，磯崎行雄（1998）「生命と地球の歴史」（岩波新書）岩波書店

ヒトの進化（今西の「人類の誕生」は古典的名著）
今西錦司（1968）「人類の誕生」（世界の歴史1）河出書房
木村賛（1980）「ヒトはいかに進化したか」サイエンス社
R. リーキー（今西錦司監修，岩本光雄訳）（1985）「人類の起源」講談社
R. ルーウィン（保志宏，楢崎修一郎訳）（1993）「人類の起源と進化」てらぺいあ
馬場悠男監修，高山博責任編集（1997）「イミダス特別編集　人類の起源」集英社
遠藤萬里（1998）「人類学百話一話」てらぺいあ
Ch. ストリンガー，R. マッキー（河合信和訳）（2001）「出アフリカ記：人類の起源」岩波書店
E. コパン（馬場悠男・奈良貴史訳）（2002）「ルーシーの膝」紀伊國屋書店
斎藤成也，諏訪　元，颯田葉子，山森哲雄，長谷川真理子，岡ノ谷一夫（2006）「シリーズ進化学5　ヒトの進化」岩波書店

人体の構造に関する読みやすい図書
竹内修二（2004）「からだ解剖学」池田書店
竹内修二（2003）「好きになる解剖学」講談社サイエンティフィク
竹内修二（2005）「好きになる解剖学 Part2」講談社サイエンティフィク

比較解剖に関する図書（やや専門的）
A. ローマー，Th. パーソンズ（平光　司訳）（1983）「脊椎動物のからだ　その比較解剖学」法政大学出版局

参考図書

人体生理に関する図書（やや専門的）
中野昭一編集（1981）「図解生理学」医学書院
吉田敬一，田中正敏（1986）「人間の寒さへの適応」技報堂出版
山田茂，福永哲夫（1996）「生化学・生理学からみた骨格筋に対するトレーニング効果」NAP limited
山田茂，福永哲夫（1997）「骨格筋：運動による機能と形態の変化」
森谷敏夫，根本勇編（1997）「スポーツ生理学」朝倉書店
R.バーン，M.レビィー（坂東武彦，小山省三監訳）（2000）「基本生理学」西村書店

遺伝（駒井卓の「人類の遺伝学」は古典的名著）
駒井卓（1966）「人類の遺伝学」培風館
今泉洋子（1994）「人間の遺伝学入門」培風館
尾本恵市（1998）「ゲノムから進化を考える5　ヒトはいかにして生まれたか」岩波書店
田辺功・山内豊明（1998）「遺伝子の地図帳」西村書店
斎藤成也，藤博幸，小林一三，川島武士，佐藤矩行，植田信太郎，五條堀孝（2006）「シリーズ進化学2　遺伝子とゲノムの進化」岩波書店

霊長類に関する図書
J.ネイピア，B.ネイピア（伊沢紘生訳）（1987）「世界の霊長類」どうぶつ社
西田利貞（1994）「チンパンジーおもしろ観察記」紀伊國屋書店
杉山幸丸（1996）「サルの百科」データハウス

その他——歩行，味覚，病気
真家和生（1999）「快適な履物」（IN 田村照子，酒井豊子編「着ごこちの追求」放送大学教育振興会）
山本隆（1996）「脳と味覚　おいしく味わう脳のしくみ」共立出版
鈴木隆雄（1998）「骨から見た日本人　古病理学が語る歴史」講談社選書メチエ

索　引

あ
アウストラロピテクス······60
アウストラロピテクス・アナメンシス···62
アウストラロピテクス・アファレンシス62
アウストラロピテクス・アフリカヌス···62
アウストラロピテクス・エチオピクス···62
アウストラロピテクス・ボイセイ······62
アウストラロピテクス・ロブストゥス···62
味······117
アジアンモンゴロイド······100
亜種······26
アナム猿人······62
アノスミア······113
アファール猿人······62
アフリカヌス猿人······62
アポクリン汗腺······50
アルディピテクス······60
アレンの法則······78

い，う
イクチオステガ······46
異歯性······48
一側優位性······71

ウェットな放熱······83

え，お
エウステノプテロン······44
エオマイア······51
エクリン汗腺······55

エチオビクス猿人······62
エリオプス······46
猿人······62

黄色メラニン······94
オロリン······60
温熱性発汗······69, 89

か
カウプ示数······75
核家族······66
核体温······107
殻体温······107
学名······23
華氏温度······95
家族······66
肩幅······72
カプトリヌス······46
鎌型赤血球貧血症······111
カルシウム······38, 98
カルポレステス······52
頑丈型猿人······62
汗腺······89
桿体細胞······118

き
利き手······71
華奢型猿人······62
基礎代謝量······105
キノグナートゥス······48

索　引

基本的家族·················66
嗅覚 ·····················113
旧人······················62
旧世界猿··················20
嗅盲·····················113
頬脂肪体·················102
共進化················31, 57
狭鼻猿····················20
筋線維タイプ·············120
緊張性頸反射·············133
緊張性腰反射·············133
緊張性迷路反射···········133
筋紡錘···················131

く，け

クラインフェルター症候群 ····123
グロージャーの法則··········96

血液凝固··················39
齧歯目····················52
血友病····················43
ケトレー示数··············75
ケニアピテクス············62
ケラチノサイト············92
原猿亜目··················18
原人······················62

こ

後眼窩脂肪体·············102
虹彩······················99
抗重力筋·················132
抗動揺筋·················133
広鼻猿····················20
ゴルジの腱器官···········131
衣替え···················107

さ

サヘラントロプス・チャデンシス········59
ザラムブダレステス·········52
産熱······················81
サンブルピテクス··········53

し，す

紫外線····················92
色盲·····················117
趾行·····················130
自己家畜化現象·············6
自己疎外···················6
歯式······················48
脂臀······················88
ジャワ原人················63
種·······················12
小汗腺················55, 89
食虫目····················52
真猿亜目··················18
進化······················30
人種······················26
新人······················62
真性メラニン··············94
新世界猿··················20
伸張反射·················131
人類······················22

錐体細胞·················118

せ，そ

精神性発汗············55, 69
生存価···················110
生態的地位················31
セイモウリア··············46
生理的早産················66
赤外線····················85

158

索　引

脊椎動物…………………………16, 38
摂氏温度……………………………95
節足動物……………………………42
絶対温度……………………………95

相対湿度……………………………95
足蹠歩行……………………………130
足底歩行……………………………130

た

ダーウィン，チャールズ……………10
ダーウィン適応度 …………………110
ターナー症候群 ……………………123
退化…………………………………31
体格…………………………………74
体格示数……………………………75
体型…………………………………74
大汗腺………………………………50
体組成………………………………80
対流…………………………………85
多型現象 ……………………………111
多地域進化説 ………………………63
食べ合い関係………………………41
単一起源説 …………………………63
単孔目………………………………50

ち

中立変異……………………………110
超女性………………………………123
超男性………………………………123
直立二足…………………………64, 126
直立二足歩行 ………………………135
チロシナーゼ………………………94

つ，て

ツパイ………………………………18

適応…………………………………32
適応価………………………………110
適応度………………………………110
適応放散……………………………33
デルタテリジウム…………………52

と

同歯性………………………………48
動静脈吻合枝 ………………………105
淘汰係数……………………………110
登木目……………………………18, 52
突然変異 ……………………………111
ドライな放熱………………………83
ドリオピテクス……………………53

な，に

内眼角襞 ……………………………101
軟体動物……………………………38

二足性………………………………129
ニッチェ（ニッチ）………………32
二名法………………………………23
ニュートンの冷却方程式…………83
人間学………………………………6

ね，の

熱容量………………………………85
熱量…………………………………84

能働汗腺……………………………89
ノタルクトゥス……………………52

159

索引

は

発汗 …………………………………… 87
ハックスリー，トーマス …………… 10
パラントロプス ……………………… 62
ハンチング・テンパラチャー・
　リアクション ……………………… 104
パンデリクチス ……………………… 46

ひ

BMI …………………………………… 75
皮下脂肪 ………………………… 80, 101
ピグミー ……………………………… 76
膝関節のロック機構 ………………… 129
比体重 ………………………………… 75
ビタミン D …………………………… 98
ヒト …………………………………… 22
ヒト科 ………………………………… 20
ヒト化 ………………………………… 59
皮膚色 ………………………………… 91
非ふるえ産熱 ………………………… 104
表皮 …………………………………… 49
ヒロノムス …………………………… 46
品種 …………………………………… 28

ふ

フェオメラニン ……………………… 94
輻射 …………………………………… 85
副鼻腔 ………………………………… 102
不能働汗腺 …………………………… 89
ふるえ産熱 …………………………… 103
ふるえ反射 …………………………… 103
プルガトリウス ……………………… 52
プロバイノグナートス ……………… 48

へ

北京原人 ……………………………… 63
ベルクマンの法則 …………………… 76
変異 …………………………………… 110
変種 …………………………………… 28

ほ

ボイセイ猿人 ………………………… 62
ホイヤーグロッサー器官 …………… 105
放熱 …………………………………… 83
拇指対向性 …………………………… 54
哺乳綱 ………………………………… 17
ホミニゼーション …………………… 59
ホモ・エレクトゥス ………………… 61
ホモ・サピエンス …………………… 59
ホモ・ネアンデルターレンシス …… 62
ホモ・ハイデルベルゲンシス ……… 59
ホモ・フロレシエンシス …………… 76
ホモ・ローデシエンシス …………… 59

ま，み

マルチン，ルドルフ ………………… 6

味覚 ……………………………… 49, 116
ミトコンドリア・イブ仮説 ………… 63
味盲 …………………………………… 116
民族 …………………………………… 27

め，も

メガネザル …………………………… 52
メラニン ………………………… 69, 91
メラノサイト ………………………… 93
メラノソーム ………………………… 92
メラノドン …………………………… 52

蒙古皺襞 …………………………101
蒙古斑 ……………………………103
蒙古襞 ……………………………101

ゆ，よ
有胎盤類 ……………………17, 51
有袋目 ……………………………51
ユウメラニン ……………………94
有羊膜卵 …………………………46

羊膜 ………………………………46
ヨーロピアンコーカソイド ……96

ら，り，る
ラミドゥス猿人 …………………62

立体視 ……………………………56

立毛筋反射 ……………………103
両眼視 ……………………………56
リンネ ……………………………23

類人類 ……………………………21
ルーシー …………………………63

れ，ろ
霊長目 ………………………17, 53
レンシュの法則 …………………80

ローレル示数 ……………………75
ロブストゥス猿人 ………………62

わ
和名 ………………………………23

著者紹介

真家和生・まいえかずお

1952年東京都に生れる
1974年東京大学理学部生物学科卒業
1976年同大学院理学系研究科修士課程修了　1976年同博士課程中途退学
京都大学霊長類研究所を経て，1981年より大妻女子大学に勤務
現在　大妻女子大学教授　理学博士

専門は自然人類学．ヒトの歩行時のエネルギー代謝や床反力の解析，各種動作の筋電図や足跡化石の解析，また体温調節機能と民族服など生理学的側面からの人体の研究を行ってきた．最近では，さらに比較形態学，比較生理学，進化史的視点から「ヒトらしさ」の起源を研究している．

著書
『人間の許容限界ハンドブック』朝倉書店，1990（分担執筆）
『生理人類学』朝倉書店，1994（共編著）
『健康と運動の生理』技報堂出版，1994（共著）
『人類の起源』イミダス特別編集号，集英社，1997（分担執筆）
『着心地の追求』放送大学教育振興会，1999（分担執筆）
『身体発達』ぶんしん出版，2000（共編著）
『人間の許容限界事典』朝倉書店，2005（分担執筆）

自然人類学入門
－ヒトらしさの原点－

定価はカバーに表示してあります

2007年4月5日	1版1刷発行	ISBN978-4-7655-0244-3 C3045
2019年10月11日	1版8刷発行	

著　者　真　家　和　生
発行者　長　　　滋　彦
発行所　技報堂出版株式会社
〒101-0051 東京都千代田区神田神保町1-2-5
電話　営　業　（03）（5217）0885
　　　編　集　（03）（5217）0881
FAX　　　　　（03）（5217）0886
振替口座　00140-4-10
http://gihodobooks.jp/

日本書籍出版協会会員
自然科学書協会会員
土木・建築書協会会員

Printed in Japan

ⒸKazuo Maie, 2007

印刷・製本　三美印刷
装幀　冨澤　崇　イラスト　真家優子

落丁・乱丁はお取替えいたします．
本書の無断複写は，著作権法上での例外を除き，禁じられています．

MEMO

MEMO

MEMO

MEMO